La Société en Débat(s)

Vol. 2

Perspectives sur des questions clés

Maggie White

ISBN : 9798378115068

Table des matières

Introduction

"Un débat ouvert et des citoyens engagés sont essentiels à la santé de toute démocratie. En explorant différentes perspectives et en remettant en question nos propres hypothèses, nous pouvons mieux comprendre les questions complexes et travailler à des solutions qui profitent à tous." - Elizabeth Warren

Bienvenue au volume 2 de notre série sur les débats de société. Dans cet ouvrage, nous souhaitons poursuivre notre exploration des questions complexes et conflictuelles qui façonnent notre monde. Chaque chapitre présente un débat entre deux camps opposés, couvrant un éventail de questions clés, les droits des animaux, le génie génétique, l'énergie nucléaire, les soins de santé universels, la vaccination obligatoire, l'appropriation culturelle, le capitalisme contre le socialisme, les restrictions d'âge pour le vote et d'autres activités, le collège électoral, ainsi que le recours à la force militaire et l'intervention dans les affaires étrangères.

Chaque débat présente une liste complète d'arguments pour et contre la motion, ainsi que des questions incitant à la réflexion, conçues pour stimuler la pensée du lecteur et encourager l'analyse critique du problème en question. Ce livre n'a pas pour but d'être le dernier mot sur ces questions, mais plutôt de susciter la discussion et d'encourager les lecteurs à réfléchir de manière critique aux arguments présentés.

Nous pensons qu'un dialogue productif et un compromis sont essentiels pour progresser, même sur les questions les plus litigieuses. Même s'il n'existe pas de solution parfaite qui satisfasse tout le monde, l'exploration des options potentielles et la recherche de solutions acceptables pour les deux parties peuvent constituer une avancée précieuse. À cet égard, l'ouvrage donne un bref aperçu de chaque sujet et suggère des solutions potentielles susceptibles de convenir aux deux parties.

Ce livre est une ressource précieuse pour quiconque cherche à mieux comprendre la nature multidimensionnelle de certaines des questions les plus pressantes de notre époque. Que vous soyez un étudiant cherchant à améliorer vos compétences en matière de débat, un débatteur chevronné à la recherche de nouvelles idées et de nouveaux points de vue, ou simplement un lecteur intéressé souhaitant s'engager dans les questions importantes auxquelles le monde d'aujourd'hui est confronté, ce livre offre une plateforme pour explorer et discuter de certains des sujets les plus difficiles de notre époque. En encourageant la pensée critique et en favorisant un dialogue productif, ce livre offre une voie vers la recherche de solutions acceptables pour les deux parties.

Comme dans notre précédent ouvrage, nous avons inclus à la fin de chaque chapitre une sélection de livres, de films et de documentaires recommandés pour approfondir le sujet traité. Pour chaque ressource, nous avons précisé si elle présente une perspective essentiellement positive (pour), négative (contre) ou une combinaison des deux (indéterminé). Que vous soyez un expert chevronné ou un nouveau venu curieux, nous espérons que ces ressources vous aideront à acquérir une compréhension plus nuancée des questions en jeu. Alors plongeons et explorons quelques-unes des questions les plus urgentes de notre époque.

Droit des animaux

"Tant que nous n'aurons pas étendu notre cercle de compassion à tous les êtres vivants, l'humanité ne trouvera pas la paix." - Albert Schweitzer

Le sujet du débat est "Cette maison soutient les droits des animaux", ce qui soulève la question de savoir si les animaux devraient avoir les mêmes droits que les humains, et dans quelle mesure. Les partisans de la motion soutiennent que tous les êtres sensibles méritent une considération morale, et que l'agriculture et l'expérimentation animale causent d'immenses souffrances et dommages aux animaux. En outre, une évolution vers des régimes alimentaires à base de plantes et des expériences sans animaux aurait de nombreux avantages pour l'environnement et la santé. Les opposants soutiennent que l'homme est l'espèce supérieure et qu'il a le droit d'utiliser les animaux à ses propres fins, que le fait d'accorder aux animaux les mêmes droits qu'aux humains serait irréalisable et inapplicable, et que de nombreuses religions et cultures considèrent les animaux comme soumis aux humains.

Discours de la Coalition :

Mesdames et Messieurs,

Nous nous présentons devant vous aujourd'hui pour défendre avec force les droits des animaux. Nous pensons que les animaux, comme les humains, méritent une considération morale et le droit de vivre sans souffrir et sans être blessés.

Le premier argument que nous aimerions présenter est d'ordre moral. Tous les êtres sensibles, quelle que soit leur espèce, méritent une considération morale. Nous pensons que les animaux sont des êtres sensibles, capables d'éprouver du plaisir et de la douleur, et qu'ils devraient donc bénéficier d'une considération morale. Nous ne pouvons pas continuer à traiter les animaux comme de simples objets ou marchandises, sans tenir compte de leur bien-être et de leur souffrance.

Deuxièmement, nous soutenons que l'agriculture et l'expérimentation animale causent d'immenses souffrances et dommages aux animaux. Le système actuel d'agriculture animale est inhumain et cruel, des milliards d'animaux souffrant dans des conditions d'exiguïté et d'insalubrité et étant soumis à des procédures douloureuses telles que le débecquage et la coupe de la queue. De même, l'expérimentation animale implique souvent d'infliger de la douleur et de la souffrance aux animaux, souvent sans aucun bénéfice pour les humains. Si les animaux avaient les mêmes droits que les humains, de telles pratiques seraient illégales.

Enfin, nous soutenons qu'un passage à une alimentation à base de plantes et à une expérimentation sans animaux aurait de nombreux avantages pour l'environnement et la santé. L'agriculture animale est une cause majeure de dégradation de l'environnement, contribuant à la déforestation, aux émissions de gaz à effet de serre et à la pollution de l'eau. L'adoption de régimes alimentaires à base de plantes permettrait de réduire ces effets néfastes. De plus, l'expérimentation sans animaux favoriserait le développement de méthodes alternatives qui n'impliquent pas de faire du mal aux animaux, et serait donc une approche plus éthique et plus efficace.

En conclusion, nous soutenons fermement la motion selon laquelle les animaux devraient avoir les mêmes droits que les humains. Nous pensons que tous les êtres sensibles, quelle que soit leur espèce, méritent une considération morale et le droit de vivre sans souffrir et sans être blessés. Le système actuel d'agriculture et d'expérimentation animale est inhumain et cruel, et un changement vers des régimes alimentaires à base de plantes et des expérimentations sans animaux aurait de nombreux avantages pour l'environnement et la santé. Il est temps de reconnaître et d'assumer notre responsabilité morale de protéger et de soigner les animaux. Merci.

Discours de l'Opposition :

Mesdames et Messieurs,

Nous nous présentons devant vous aujourd'hui pour argumenter contre la motion selon laquelle les animaux devraient avoir les mêmes droits que les humains. Bien que nous reconnaissions que les animaux sont des êtres sensibles et méritent un certain niveau de respect et de considération, nous croyons fermement qu'ils n'ont pas les mêmes droits que les humains.

Tout d'abord, nous soutenons que les humains sont l'espèce supérieure et qu'ils ont le droit d'utiliser les animaux à leurs propres fins. Les humains ont développé un intellect supérieur, des structures sociales et la capacité de créer et d'innover, ce qui nous permet d'utiliser les animaux pour l'agriculture et l'expérimentation afin de faire progresser notre propre espèce. Nous pensons qu'il est naturel et approprié pour les humains d'utiliser les animaux pour leur propre bénéfice.

Deuxièmement, nous soutenons qu'accorder aux animaux les mêmes droits que les humains serait irréalisable et inapplicable. Les animaux ne sont pas capables de comprendre ou de respecter les lois et règlements humains. L'idée d'accorder aux animaux des droits légaux, tels que le droit de vote, serait absurde et irréalisable dans la pratique.

Troisièmement, nous soutenons que de nombreuses religions et cultures considèrent les animaux comme subordonnés aux humains et ne leur accordent pas les mêmes droits. Par exemple, dans le judaïsme et l'islam, les animaux sont considérés comme une ressource qui peut être utilisée pour la nourriture et à d'autres fins. Ces croyances sont profondément ancrées dans les traditions culturelles et religieuses de nombreuses sociétés, et il serait irrespectueux de les ignorer ou de tenter de passer outre.

En conclusion, si nous sommes d'accord pour dire que les animaux sont des êtres sensibles et qu'ils méritent un certain niveau de respect et de considération, nous ne pensons pas qu'ils devraient avoir les mêmes droits que les humains. Les humains sont l'espèce supérieure et ont le droit d'utiliser les animaux à leurs propres fins, accorder aux animaux les mêmes droits que les humains serait irréalisable et inapplicable, et de nombreuses religions et cultures considèrent que les animaux sont soumis aux humains. Nous pensons que les humains peuvent continuer à utiliser les animaux de manière responsable et éthique, tout en veillant à ce que les animaux soient traités avec respect et considération. Nous vous remercions.

Résumé des arguments

Coalition (en faveur de la motion) :

I. Considérations morales
A. Tous les êtres sensibles méritent une considération morale.
B. Les animaux sont des êtres sensibles.
C. Par conséquent, les animaux méritent une considération morale.

II. Souffrance et dommages
A. L'agriculture et l'expérimentation animale causent d'immenses souffrances et préjudices aux animaux.
B. Si les animaux avaient les mêmes droits que les humains, ces pratiques seraient illégales.
C. Par conséquent, les animaux devraient avoir les mêmes droits que les humains.

III. L'environnement et la santé humaine
A. L'agriculture animale est l'une des principales causes de la dégradation de l'environnement.
B. Une évolution vers des régimes alimentaires à base de plantes et des expérimentations sans animaux aurait de nombreux avantages pour l'environnement et la santé.
C. Les animaux devraient donc avoir les mêmes droits que les humains.

Opposition (contre la motion) :

I. Les humains sont supérieurs

A. Les humains sont l'espèce supérieure et ont le droit d'utiliser les animaux à leurs propres fins.

B. Les animaux ne sont pas égaux aux humains et n'ont pas les mêmes droits.

C. Par conséquent, les animaux ne devraient pas avoir les mêmes droits que les humains.

II. Considérations pratiques

A. Accorder aux animaux les mêmes droits que les humains serait irréalisable et inapplicable.

B. L'expérimentation animale a permis de nombreuses avancées médicales qui profitent aux humains.

C. Par conséquent, les animaux ne devraient pas avoir les mêmes droits que les humains.

III. Les traditions religieuses et culturelles

A. De nombreuses religions et cultures considèrent que les animaux sont soumis aux humains et ne leur accordent pas les mêmes droits.

B. Il serait irrespectueux de ces traditions d'accorder aux animaux les mêmes droits qu'aux humains.

C. Par conséquent, les animaux ne devraient pas avoir les mêmes droits que les humains.

Questions

Pour la Coalition (en faveur des droits des animaux) :

1. Si les animaux ont les mêmes droits que les humains, cela signifie-t-il qu'ils devraient aussi avoir le droit de posséder des biens ou de voter aux élections ?
2. Si tous les animaux ont les mêmes droits, cela signifie-t-il que les prédateurs tels que les lions et les tigres devraient être punis pour avoir tué d'autres animaux ?
3. Si les animaux ont les mêmes droits que les humains, cela signifie-t-il que les humains devraient pouvoir poursuivre les animaux pour des dommages, par exemple si un oiseau endommage les récoltes d'un agriculteur ?
4. Si les animaux ont les mêmes droits que les humains, cela signifie-t-il que les insectes et autres petits organismes ont également les mêmes droits ?
5. Si les animaux ont les mêmes droits que les humains, cela signifie-t-il que les humains ne devraient pas être en mesure de se défendre contre une attaque animale ?
6. Si tous les animaux ont les mêmes droits, devrions-nous cesser d'utiliser des chiens-guides pour les aveugles ou d'utiliser des animaux dans les opérations de recherche et de sauvetage ?
7. Si les animaux ont les mêmes droits que les humains, devrions-nous leur fournir les mêmes soins

médicaux, y compris les procédures coûteuses telles que les transplantations d'organes ?

8. Si nous accordons aux animaux les mêmes droits qu'aux humains, comment déterminer ce qui constitue de la cruauté envers les animaux ?

9. Si les animaux ont les mêmes droits que les humains, devrions-nous cesser d'utiliser des animaux dans les zoos et les aquariums ?

10. Si les animaux ont les mêmes droits que les humains, cela signifie-t-il que nous devrions cesser de tuer les moustiques et autres nuisibles ?

Pour l'opposition (contre les droits des animaux) :

1. Croyez-vous que les animaux sont capables d'éprouver de la douleur et de la souffrance ?

2. Si les humains sont supérieurs aux animaux, comment déterminer les critères de supériorité ?

3. Si les humains ont le droit d'utiliser les animaux à leurs propres fins, qu'en est-il des humains qui utilisent d'autres humains à leurs propres fins, comme dans le cas de l'esclavage ?

4. Si l'octroi de droits légaux aux animaux est irréalisable, comment déterminer ce qui constitue une cruauté envers les animaux et faire en sorte qu'elle soit punie ?

5. Si les animaux sont soumis aux humains, cela signifie-t-il que nous devrions pouvoir les utiliser à

n'importe quelle fin, aussi cruelle ou inhumaine soit-elle ?

6. Si nous continuons à utiliser les animaux pour l'agriculture et l'expérimentation, comment pouvons-nous garantir qu'ils sont traités de manière humaine et éthique ?

7. Si les animaux sont considérés comme une ressource, ne devrions-nous pas également tenir compte de l'impact de l'agriculture et de l'expérimentation animale sur l'environnement et la santé humaine ?

8. Si les religions et les cultures considèrent que les animaux sont soumis à l'homme, comment concilier ces croyances avec l'impératif moral de traiter les animaux avec respect et considération ?

9. Si nous continuons à utiliser les animaux pour l'agriculture et l'expérimentation, comment aborder la question du bien-être animal et prévenir la souffrance inutile des animaux ?

10. Si les humains ont le droit d'utiliser les animaux à leurs propres fins, comment faire en sorte que ce droit ne soit pas détourné ou utilisé pour justifier le mauvais traitement ou l'exploitation des animaux ?

Solutions potentielles

Mise en œuvre de réglementations relatives au bien-être des animaux : Les deux parties peuvent s'accorder sur le fait que les animaux doivent être traités de manière humaine et éthique. La mise en œuvre de réglementations garantissant la protection de leur bien-être pourrait donc être une solution potentielle.

Promouvoir des alternatives sans animaux : Pour ceux qui s'opposent aux droits des animaux en raison de préoccupations concernant l'utilisation d'animaux à des fins humaines, la promotion de l'utilisation d'alternatives sans animaux pourrait être une solution sur laquelle les deux parties pourraient s'entendre.

Soutenir les efforts de conservation des animaux : Les personnes qui défendent les droits des animaux peuvent convenir que les efforts de conservation visant à protéger les espèces menacées et leurs habitats sont importants et méritent d'être soutenus.

Encourager la possession responsable d'animaux de compagnie : Les deux parties peuvent convenir qu'il est important de posséder des animaux de compagnie de façon responsable. La promotion de l'éducation et des programmes qui encouragent la possession responsable d'animaux de compagnie pourrait donc être une solution potentielle.

Soutenir les refuges pour animaux : Les deux parties peuvent convenir qu'il est important de fournir des environnements sûrs et humains aux animaux, donc soutenir les sanctuaires pour animaux et d'autres organisations qui fournissent ce type de soins pourrait être une solution potentielle.

Encourager les régimes alimentaires à base de plantes : Pour ceux qui défendent les droits des animaux en raison de leurs préoccupations concernant la souffrance animale, la promotion des régimes alimentaires à base de plantes pourrait être une solution sur laquelle les deux parties pourraient s'entendre.

Promouvoir les alternatives à la recherche sur les animaux : Pour ceux qui s'opposent aux droits des animaux en raison de préoccupations concernant l'utilisation d'animaux dans la recherche, la promotion de l'utilisation de méthodes de recherche alternatives qui n'impliquent pas d'animaux pourrait être une solution potentielle.

Encourager les pratiques de chasse éthiques : Pour ceux qui défendent les droits des animaux en raison de préoccupations concernant la chasse, la promotion de pratiques de chasse éthiques qui garantissent que l'animal est tué rapidement et avec un minimum de souffrance pourrait être une solution potentielle.

Encourager une gestion responsable de la faune : Les deux parties peuvent convenir de l'importance d'une gestion responsable de la faune. La promotion de l'éducation et des programmes qui encouragent une gestion responsable de la faune pourrait donc être une solution potentielle.

Soutenir le développement de méthodes d'expérimentation sans animaux : Pour ceux qui s'opposent aux droits des animaux en raison de préoccupations concernant l'utilisation d'animaux dans les tests, soutenir le développement de méthodes de test sans animaux pourrait être une solution potentielle sur laquelle les deux parties pourraient s'accorder.

Ressources recommandées

Livres en faveur des droits des animaux :

"La Libération animale"[1] de Peter Singer : Ce livre influent soutient que les animaux devraient avoir le même statut moral que les humains et mériter une considération égale dans la société.

"Les émotions des animaux"[2] par Marc Bekoff : Ce livre explore la vie émotionnelle et psychologique des animaux, soutenant qu'ils ont des mondes intérieurs complexes et méritent respect et considération.

Livres contre les droits des animaux :

"The Case for Animal Experimentation"[3] par Michael Allen Fox : Ce livre soutient que l'expérimentation animale est

---

[1] https://amzn.to/3KgeXf7
[2] https://amzn.to/3Iayhro
[3] https://amzn.to/3S8WvXM

nécessaire au progrès médical et que les droits des animaux ne sont pas aussi importants que les besoins humains.

"Dominion : The Power of Man, the Suffering of Animals, and the Call to Mercy"[4] par Matthew Scully : Ce livre présente un argument conservateur contre les droits des animaux en soulignant l'importance de la domination de l'homme sur le monde naturel.

Livres pour et contre les droits des animaux :

"Animal Rights : Current Debates and New Directions"[5] édité par Cass Sunstein et Martha Nussbaum : Ce livre présente une collection d'essais des deux côtés du débat sur les droits des animaux, couvrant des sujets tels que le bien-être des animaux, l'expérimentation animale et l'éthique animale.

"Faut-il manger les animaux?"[6] de Jonathan Safran Foer : Ce livre explore l'éthique de la consommation d'animaux, en présentant des arguments à la fois pour et contre les droits des animaux et en soulignant les questions complexes entourant l'agriculture animale.

---

4 https://amzn.to/3IwqrKh
5 https://amzn.to/3KgCZXu
6 https://amzn.to/3S9Gl0d

Films ou documentaires en faveur des droits des animaux :

"Blackfish"[7] (2013) : Ce documentaire dénonce la cruauté de la détention d'orques en captivité dans des parcs marins comme SeaWorld.

" Okja [8]" (2017) : Ce film de fiction suit une jeune fille qui doit sauver son super cochon génétiquement modifié de l'industrie de la viande.

"The Cove-La Baie de la honte"[9] (2009) : Ce documentaire sensibilise le public à l'industrie de la chasse et de la captivité des dauphins au Japon.

Films ou documentaires contre les droits des animaux :

"Babe"[10] (1995) : Bien qu'il s'agisse d'un film réconfortant, il présente une vision pastorale de l'élevage et de l'utilisation des animaux à des fins humaines.

---

[7] https://amzn.to/3lK4yhC
[8] https://amzn.to/3XDKt9Z
[9] https://amzn.to/3YCwtyl
[10] https://amzn.to/3Eg7Oru

Films ou documentaires pour et contre les droits des animaux :

"Food, Inc."[11] (2008) : Ce documentaire couvre le système alimentaire industriel aux États-Unis et soulève des questions liées au bien-être des animaux, à l'exploitation des travailleurs et à la destruction de l'environnement.

"The End of Meat"[12] (2017) : Ce documentaire présente des arguments pour et contre les droits des animaux en explorant les avantages et inconvénients potentiels d'un régime végétalien.

---

[11] https://cutt.ly/U3LwthK
[12] https://amzn.to/3xva8a9

Génie génétique

"Le génie génétique est l'expression ultime de notre désir de contrôler et de manipuler le monde naturel. Il soulève des questions profondes sur ce que signifie être humain, et sur nos responsabilités envers la planète et les générations futures." - David Suzuki, environnementaliste et généticien.

Le sujet du débat est "Cette maison soutient le génie génétique", ce qui soulève la question de savoir dans quelle mesure les humains devraient pouvoir manipuler les gènes et modifier l'ADN, et quelles considérations éthiques doivent être prises en compte. Les partisans du génie génétique affirment qu'il a le potentiel de révolutionner des domaines tels que la médecine, l'agriculture et la durabilité environnementale. Ceux qui s'y opposent affirment qu'il présente des risques éthiques, sanitaires et sociétaux importants, notamment le risque de conséquences involontaires, d'accès inégal aux traitements et de perte de diversité génétique.

Discours de la Coalition :

Mesdames et Messieurs,

Nous nous présentons aujourd'hui devant vous pour plaider en faveur du génie génétique. Nous pensons que ce domaine innovant et prometteur peut révolutionner notre mode de vie et nous aider à résoudre certains des plus grands défis auxquels nous sommes confrontés en tant que société.

Tout d'abord, le génie génétique présente un potentiel incroyable dans le domaine de la médecine. Le dépistage génétique, la thérapie génique et la médecine personnalisée peuvent tous contribuer à prévenir et à traiter les maladies génétiques, ce qui permettra à des millions de personnes de vivre plus longtemps et en meilleure santé. Il s'agit d'un progrès vraiment remarquable de la médecine que nous ne pouvons nous permettre d'ignorer.

En outre, le génie génétique a un grand potentiel dans l'agriculture. Grâce à l'augmentation du rendement des cultures, nous pouvons créer des cultures qui résistent mieux à la sécheresse et aux parasites, qui ont une meilleure valeur nutritive et qui poussent plus vite. Cela peut contribuer à nourrir une population mondiale croissante et à assurer la sécurité alimentaire de tous. L'amélioration du bétail peut également contribuer à créer des produits carnés plus résistants aux maladies et de meilleure qualité, ce qui profite à la fois aux consommateurs et aux agriculteurs.

Enfin, le génie génétique a le potentiel de contribuer à la durabilité environnementale. La biorémédiation peut aider à nettoyer les sols et les eaux contaminés, à gérer les déchets et à contrôler la pollution, tandis que l'atténuation du changement climatique peut aider à créer des plantes capables de stocker davantage de carbone, de résister à des températures plus élevées et de tolérer la sécheresse. Il s'agit là de préoccupations essentielles auxquelles nous devons répondre en tant que société, et le génie génétique peut nous aider à progresser dans chacun de ces domaines.

Nous comprenons que le génie génétique suscite des inquiétudes, notamment en ce qui concerne les implications éthiques et les risques inconnus pour la santé. Cependant, nous pensons que les avantages l'emportent largement sur les inconvénients potentiels. En surveillant et en réglementant soigneusement le développement et la mise en œuvre du génie génétique, nous pouvons garantir que cette technologie est utilisée de manière responsable et sûre.

En conclusion, le génie génétique représente une formidable opportunité pour notre société. Nous vous invitons à considérer l'immense potentiel de ce domaine et à vous joindre à nous pour soutenir son développement et sa mise en œuvre continus. Nous vous remercions.

Discours de l'Opposition :

Mesdames et Messieurs,

Nous nous présentons aujourd'hui devant vous pour argumenter contre la motion de soutien au génie génétique. Bien que nous reconnaissions les avantages potentiels que cette technologie peut offrir, nous pensons que les risques éthiques, sanitaires et sociétaux sont trop importants pour être ignorés.

Tout d'abord, nous pensons que le génie génétique soulève d'importantes préoccupations éthiques. L'idée de manipuler le code génétique d'organismes vivants soulève de profondes questions sur ce que signifie être humain, et si nous avons le droit de jouer à Dieu de cette façon. En outre, nous ne pouvons ignorer les conséquences potentielles involontaires, notamment la création de monopoles génétiques et la perte de diversité génétique.

En outre, le génie génétique comporte de graves risques pour la santé. Les effets à long terme de la modification génétique sont largement inconnus et pourraient entraîner des mutations néfastes, des changements épigénétiques et même le cancer. Un accès inégal au génie génétique pourrait créer des disparités socio-économiques, ce qui pourrait être particulièrement dangereux si les personnes disposant de moyens financiers sont les seules à pouvoir accéder à des traitements susceptibles de sauver des vies.

Enfin, il faut tenir compte des implications sociétales. Les bébés sur mesure, dans lesquels les parents peuvent choisir les caractéristiques de leurs enfants, soulèvent la question de savoir si cela ne conduirait pas à une société eugénique, avec un risque d'érosion de la diversité génétique. En outre, perturber la sélection naturelle en modifiant les codes génétiques peut entraîner une perte d'aptitude génétique et menacer le processus même de l'évolution.

En conclusion, si les avantages potentiels du génie génétique sont alléchants, nous devons les mettre en balance avec les risques éthiques, sanitaires et sociétaux importants. Le génie génétique est une pente glissante, et nous devons tenir compte des implications à long terme de ces avancées. Nous vous demandons instamment de tenir compte de ces préoccupations et de voter contre la motion d'appui au génie génétique. Merci.

Résumé des arguments

Arguments en faveur du génie génétique :

I. Les progrès de la médecine
A. Prévention et traitement des maladies - Le dépistage génétique, la thérapie génique et la médecine personnalisée peuvent aider à prévenir et à traiter les maladies génétiques.
B. Augmentation de l'espérance de vie - La recherche sur le vieillissement, l'allongement des télomères et

l'augmentation de l'immunité peuvent aider les gens à vivre plus longtemps et en meilleure santé.

II. Les progrès de l'agriculture
A. Augmentation des rendements des cultures - Le génie génétique permet de créer des cultures plus résistantes à la sécheresse et aux parasites, à la valeur nutritive accrue et à la croissance plus rapide.
B. Amélioration du bétail - Le génie génétique permet de créer du bétail qui résiste mieux aux maladies, dont la viande est de meilleure qualité et qui produit plus de lait.

III. Progrès en matière d'environnement
A. Bioremédiation - Le génie génétique peut aider à nettoyer les sols et les eaux contaminés, à gérer les déchets et à contrôler la pollution.
B. Atténuation du changement climatique - Le génie génétique peut créer des plantes capables de stocker davantage de carbone, de résister à des températures plus élevées et de tolérer la sécheresse.

Arguments contre le génie génétique :

I. Préoccupations éthiques
A. Jouer à Dieu - Le génie génétique peut être considéré comme une tentative de créer la vie, de manipuler la nature et de brouiller les frontières entre les espèces.
B. Conséquences involontaires - Le génie génétique peut entraîner des mutations nuisibles, avoir un impact sur

l'environnement et conduire à une discrimination génétique.

II. Les risques pour la santé
A. Effets à long terme inconnus - Les interactions entre les gènes et l'environnement, les modifications épigénétiques et le risque de cancer sont autant de préoccupations liées au génie génétique.
B. Accès inégal - Le génie génétique peut créer des disparités socio-économiques, une perte de diversité génétique et des monopoles de brevets.

III. Implications sociétales
A. Bébés sur mesure - La reproduction sélective, l'érosion de la diversité génétique et les effets psychologiques sont autant de préoccupations liées au génie génétique.
B. Menaces sur l'évolution - La perturbation de la sélection naturelle, la promotion de la consanguinité et la réduction de l'aptitude génétique sont autant de préoccupations liées au génie génétique.

Questions

10 questions pièges pour la Coalition (en faveur du génie génétique) :

1. Si le génie génétique est si sûr, pourquoi n'y a-t-il pas eu d'études de sécurité à long terme ?

2. Si le génie génétique est si bénéfique, pourquoi y a-t-il encore tant de personnes qui souffrent de maladies génétiques ?

3. Comment pouvez-vous justifier l'utilisation du génie génétique pour créer des "bébés sur mesure" alors que cela soulève des inquiétudes quant à l'eugénisme et à la perte de diversité génétique ?

4. Si nous pouvons créer des plantes résistantes à la sécheresse, qu'est-ce qui les empêchera de devenir envahissantes et de détruire les écosystèmes naturels ?

5. Si nous modifions le bétail pour qu'il grandisse plus vite et produise une viande de meilleure qualité, quel sera l'impact sur le bien-être des animaux et l'environnement ?

6. Comment pouvez-vous garantir que le génie génétique ne sera pas utilisé à des fins militaires ou à d'autres fins néfastes ?

7. Si le génie génétique est si sûr, pourquoi les pays ont-ils des réglementations si différentes concernant son utilisation ?

8. Pouvez-vous garantir que le génie génétique n'entraînera pas de discrimination génétique ou d'inégalités en matière d'accès aux traitements ?

9. Qu'est-ce qui empêche le génie génétique d'être utilisé pour créer une race humaine "supérieure" et de conduire à un avenir dystopique ?

10. Comment pouvons-nous être sûrs que le génie génétique n'aura pas de conséquences imprévues et involontaires sur notre monde naturel ?

10 questions pièges pour l'opposition (contre le génie génétique) :

1. Si le génie génétique est si dangereux, pourquoi tant de professionnels de la santé le soutiennent-ils et croient-ils qu'il peut aider les gens ?

2. Si le génie génétique est si dangereux, pourquoi n'a-t-il pas encore causé de problèmes majeurs ?

3. Si le génie génétique est si mauvais pour l'environnement, pourquoi tant de scientifiques s'efforcent-ils de le rendre plus durable ?

4. Comment pouvez-vous vous opposer au génie génétique alors qu'il a le potentiel de guérir des maladies génétiques et de sauver d'innombrables vies ?

5. Si le génie génétique est si mauvais d'un point de vue éthique, pourquoi permettons-nous aux parents de choisir le sexe de leur bébé ou de dépister des maladies génétiques avant la naissance ?

6. Comment pouvez-vous dire que le génie génétique est dangereux alors que les mêmes techniques sont utilisées dans les méthodes de reproduction traditionnelles depuis des siècles ?

7. Si le génie génétique est si mauvais, pourquoi tant de personnes sont-elles prêtes à investir dans ce domaine et à le soutenir financièrement ?
8. Si le génie génétique est si mauvais pour la société, pourquoi n'y a-t-il pas eu de grandes manifestations contre lui ?
9. Si nous ne pouvons pas utiliser le génie génétique pour améliorer nos cultures et notre bétail, comment allons-nous nourrir une population mondiale croissante ?
10. Si nous ne pouvons pas utiliser le génie génétique pour guérir les maladies, quelles alternatives avons-nous pour traiter les troubles génétiques ?

Solutions potentielles

Des réglementations plus strictes : Les deux parties pourraient convenir de la nécessité d'une réglementation plus stricte en matière de génie génétique afin de garantir la prise en compte de la sécurité, de la transparence et des considérations éthiques.

Accroître la recherche : Investir dans davantage de recherche scientifique pourrait aider à découvrir les risques et les avantages potentiels du génie génétique, ainsi qu'à identifier toute conséquence involontaire.

L'éducation du public : L'éducation du public sur les avantages et les risques potentiels du génie génétique pourrait contribuer à apaiser les inquiétudes et à accroître le soutien.

Recherche collaborative : Encourager la collaboration entre les scientifiques, les décideurs et les autres parties prenantes pourrait aider à répondre aux préoccupations et à trouver un terrain d'entente.

Utilisation de directives éthiques : La mise en œuvre de lignes directrices éthiques pour l'utilisation du génie génétique pourrait contribuer à garantir que celui-ci est utilisé de manière responsable et sans conséquences involontaires.

Étiquetage volontaire : L'étiquetage volontaire des produits issus du génie génétique pourrait donner aux consommateurs le choix de décider ce qu'ils veulent acheter et manger.

Aborder les questions de justice sociale : Le traitement des questions de justice sociale, telles que l'accès inégal aux traitements génétiques, pourrait contribuer à garantir une utilisation juste et équitable du génie génétique.

Recherche d'alternatives : Encourager la recherche de méthodes alternatives permettant d'obtenir les mêmes avantages que le génie génétique, comme les techniques de reproduction traditionnelles, pourrait contribuer à apaiser les inquiétudes.

Mettre l'accent sur les avantages pour le plus grand bien : Mettre l'accent sur les avantages potentiels du génie génétique pour le bien commun, comme la guérison des maladies génétiques, pourrait aider à obtenir le soutien de ceux qui sont sceptiques.

Prise de décision démocratique : L'utilisation de processus démocratiques pour prendre des décisions sur l'utilisation du génie génétique pourrait garantir que les voix de chacun soient entendues et prises en compte.

Ressources recommandées

Livres pour :

"Il était une fois le gène: Percer le secret de la vie"[13] par Siddhartha Mukherjee : Une exploration complète de l'histoire et de la science de la génétique, y compris son potentiel pour améliorer la santé humaine.

"Regenesis : How Synthetic Biology Will Reinvent Nature and Ourselves"[14] de George Church et Ed Regis : Un regard sur les possibilités et les implications de la biologie synthétique, notamment le génie génétique des organismes pour résoudre des problèmes et faire progresser la science.

---

[13] https://amzn.to/3Il4di0
[14] https://amzn.to/3XJQPo5

Livres contre :

"Playing God ? Genetic Determinism and Human Freedom"[15] par Ted Peters : Un argument contre le déterminisme génétique et l'idée que le génie génétique pourrait conduire à une perte de la liberté et de l'autonomie humaines.

"Enough : Staying Human in an Engineered Age"[16] par Bill McKibben : Une critique du génie génétique et d'autres formes de biotechnologie, arguant qu'ils présentent des risques éthiques et environnementaux importants.

Livres pour et contre (indéterminé) :

"The Ethics of Genetic Engineering"[17] de Roberta M. Berry : Une collection d'essais explorant les considérations éthiques complexes du génie génétique, avec des arguments pour et contre cette pratique.

"Redesigning Humans : Choosing our Genes, Changing our Future"[18] par Gregory Stock : Un examen des possibilités et des dangers du génie génétique humain, explorant à la fois les avantages potentiels et les préoccupations éthiques.

---

[15] https://amzn.to/3S7a2ip
[16] https://amzn.to/3YT0g5I
[17] https://amzn.to/3YQZCWE
[18] https://amzn.to/416ChBS

Films ou documentaires pour :

"Human Nature"[19] (2019) : Un documentaire explorant la science et l'éthique de l'édition de gènes, comprenant des entretiens avec des scientifiques et des personnes vivant avec des conditions génétiques.

"Bienvenue à Gattaca"[20] (1997) : Un film de science-fiction se déroulant dans un futur où le génie génétique est courant, suivant l'histoire d'un homme génétiquement inférieur qui tente de réaliser ses rêves malgré la discrimination sociétale.

Films ou documentaires contre :

"The Future of Food"[21] (2004) : Un documentaire qui explore les impacts négatifs des cultures génétiquement modifiées et le contrôle de l'industrie alimentaire par les entreprises.

"Unnatural Selection"[22] (2018) : Une docusérie examinant la tendance croissante de l'édition de gènes par des bricoleurs et les conséquences potentielles du génie génétique non réglementé.

---

[19] https://amzn.to/3KeIRAo
[20] https://amzn.to/3lNGbQg
[21] https://amzn.to/3Iwvhac
[22] https://www.netflix.com/title/80208910

Films ou documentaires pour et contre (indéterminé) :

"In the Family"[23] (2008) : Un documentaire suivant une famille confrontée à une maladie génétique et explorant les dilemmes éthiques et les impacts émotionnels des tests et de la sélection génétiques.

"La Roulette génétique, la vérité sur Les OGM"[24] (2012) : Un documentaire plaidant contre les aliments génétiquement modifiés, tout en explorant les avantages potentiels et les conséquences involontaires du génie génétique en agriculture.

---

[23] https://amzn.to/3k9kiKI
[24] https://amzn.to/3XzzYUZ

Énergie nucléaire

"L'énergie nucléaire est un sacré moyen de faire bouillir de l'eau." - Albert Einstein

Le sujet du débat est de savoir si l'énergie nucléaire est une source viable d'énergie renouvelable ou si le risque de catastrophe l'emporte sur les avantages. Les partisans de la motion soutiennent que l'énergie nucléaire est une source d'énergie propre, sûre et économique qui peut répondre durablement à la demande croissante d'énergie. Les opposants, quant à eux, affirment que l'énergie nucléaire n'est pas une source d'énergie propre, sûre et économique, et que ses effets négatifs, tels que les déchets radioactifs et le risque d'accident, l'emportent sur les avantages potentiels.

Discours de la Coalition :

Mesdames et Messieurs,

Nous nous présentons devant vous aujourd'hui pour soutenir fermement la motion selon laquelle cette maison soutient l'énergie nucléaire. Les raisons en sont claires : l'énergie nucléaire est une source d'énergie propre, sûre et économique.

Tout d'abord, l'énergie nucléaire est une source d'énergie propre et durable. Elle ne produit pas de gaz à effet de serre, contrairement aux combustibles fossiles, et contribue donc largement à la lutte contre le changement climatique. En outre, l'énergie nucléaire a le potentiel de répondre durablement à la demande croissante d'énergie, ce qui est essentiel dans un monde où les besoins énergétiques ne cessent d'augmenter.

Deuxièmement, l'énergie nucléaire est une source d'énergie sûre. Grâce à l'amélioration des mesures de sécurité et des réglementations, le risque d'accident associé à l'énergie nucléaire est plus faible que celui d'autres sources d'énergie, telles que l'extraction et le transport du charbon. Les installations d'énergie nucléaire sont également équipées de technologies et d'infrastructures avancées, ce qui les rend résistantes aux menaces extérieures.

Enfin, l'énergie nucléaire est une source d'énergie économique. L'énergie nucléaire est rentable par rapport à d'autres formes d'énergie renouvelable, et elle a le potentiel de créer des emplois et de soutenir la croissance économique. L'investissement dans les infrastructures d'énergie nucléaire peut créer des opportunités d'emploi dans la recherche et le développement, la construction et l'exploitation.

En conclusion, nous sommes convaincus que l'énergie nucléaire est un élément essentiel de notre avenir énergétique propre. Sa capacité à répondre durablement aux besoins énergétiques croissants, ses mesures de sécurité améliorées et ses avantages économiques en font un choix évident dans notre quête d'un avenir durable et prospère. Par conséquent, nous vous demandons instamment d'appuyer la motion selon laquelle cette chambre appuie l'énergie nucléaire. Merci.

Discours de l'Opposition :

Mesdames et Messieurs,

Nous nous présentons devant vous aujourd'hui pour nous opposer fermement à la motion selon laquelle cette maison soutient l'énergie nucléaire. Les raisons en sont claires : l'énergie nucléaire n'est pas une source d'énergie propre, sûre ou économique.

Tout d'abord, l'énergie nucléaire n'est pas une source d'énergie propre et durable. L'énergie nucléaire produit des déchets radioactifs qui restent dangereux pendant des milliers d'années. L'extraction et le traitement des matières nucléaires créent de la pollution et des dommages environnementaux. Ces effets négatifs l'emportent sur tous les avantages que l'énergie nucléaire peut présenter pour l'environnement.

Deuxièmement, l'énergie nucléaire n'est pas une source d'énergie sûre. Bien que les mesures de sécurité et les réglementations aient été améliorées, le risque d'accident associé à l'énergie nucléaire est toujours présent. Les effets catastrophiques d'accidents nucléaires tels que ceux de Tchernobyl et de Fukushima ne peuvent être négligés. En outre, les installations d'énergie nucléaire peuvent être la cible d'attaques terroristes ou de sabotage, ce qui accroît encore les risques.

Enfin, l'énergie nucléaire n'est pas une source d'énergie économique. Le coût de la construction et de l'entretien des centrales nucléaires est élevé. L'énergie produite à partir de sources nucléaires est plus chère que d'autres sources renouvelables telles que l'énergie solaire et éolienne. Investir dans l'énergie nucléaire détourne des ressources d'autres formes d'énergie renouvelable qui sont moins chères et plus durables.

En conclusion, les effets négatifs de l'énergie nucléaire l'emportent sur les avantages qu'elle peut offrir. Les déchets dangereux produits par l'énergie nucléaire, le risque d'accident et le coût élevé de la construction et de la maintenance des centrales nucléaires en font un candidat inadapté à un avenir durable et prospère. Par conséquent, nous vous demandons instamment de rejeter la motion selon laquelle cette maison soutient l'énergie nucléaire. Merci.

Résumé des arguments

Arguments en faveur de la motion :

I. L'énergie nucléaire est une source d'énergie propre et durable

- L'énergie nucléaire ne produit pas de gaz à effet de serre, contrairement aux combustibles fossiles.
- L'énergie nucléaire a le potentiel de répondre durablement à la demande croissante d'énergie.

II. L'énergie nucléaire est une source d'énergie sûre

- L'énergie nucléaire bénéficie de mesures de sécurité et de réglementations améliorées, ce qui réduit le risque d'accident.
- Le risque d'accident et d'incident associé à l'énergie nucléaire est inférieur à celui d'autres sources d'énergie, telles que l'extraction et le transport du charbon.

III. L'énergie nucléaire est une source d'énergie économique

- L'énergie nucléaire est rentable par rapport aux autres formes d'énergie renouvelable.
- L'énergie nucléaire a le potentiel de créer des emplois et de soutenir la croissance économique.

Arguments contre la motion :

I. L'énergie nucléaire n'est pas une source d'énergie propre et durable

- L'énergie nucléaire produit des déchets radioactifs qui restent dangereux pendant des milliers d'années.
- L'extraction et le traitement des matières nucléaires créent de la pollution et des dommages environnementaux.

II. L'énergie nucléaire n'est pas une source d'énergie sûre

- Les accidents nucléaires peuvent avoir des effets catastrophiques, comme les catastrophes de Tchernobyl et de Fukushima.
- Les installations d'énergie nucléaire peuvent être la cible d'attaques terroristes ou de sabotage.

III. L'énergie nucléaire n'est pas une source d'énergie économique

- Le coût de la construction et de l'entretien des centrales nucléaires est élevé.
- L'énergie nucléaire détourne les investissements d'autres formes d'énergie renouvelable qui sont moins chères et plus durables.

Questions

Pour la coalition :

1. Comment pouvez-vous justifier le coût élevé de l'énergie nucléaire par rapport aux autres formes d'énergie renouvelable, comme l'éolien et le solaire ?
2. Pouvez-vous expliquer pourquoi certains pays dotés de programmes nucléaires avancés ont décidé d'abandonner progressivement l'énergie nucléaire au profit d'autres sources d'énergie renouvelable ?
3. Comment proposez-vous d'aborder la question des déchets nucléaires qui restent dangereux pendant des milliers d'années ?
4. Comment pouvez-vous garantir la sécurité des installations d'énergie nucléaire contre les menaces extérieures potentielles, telles que les attaques terroristes ?
5. Pouvez-vous fournir des exemples de mise en œuvre réussie de l'énergie nucléaire dans des zones sujettes aux catastrophes naturelles ?
6. Comment proposez-vous de traiter le risque d'erreur humaine dans les opérations d'énergie nucléaire ?
7. Pouvez-vous expliquer comment les risques sanitaires potentiels liés aux accidents de l'énergie nucléaire l'emportent sur les avantages de la production d'énergie propre ?
8. Comment pouvez-vous justifier l'investissement initial élevé nécessaire à l'infrastructure de l'énergie

nucléaire par rapport aux autres sources d'énergie renouvelables ?

9. Pouvez-vous garantir la durabilité à long terme de l'énergie nucléaire compte tenu de la nature finie de l'uranium ?

10. Pouvez-vous expliquer comment les coûts environnementaux et sociaux de l'extraction et du traitement de l'uranium justifient le recours à l'énergie nucléaire ?

Pour l'opposition :

1. Comment proposez-vous de répondre à la demande croissante d'énergie sans recourir à l'énergie nucléaire ou sans dépendre des combustibles fossiles ?

2. Pouvez-vous proposer une alternative viable à l'énergie nucléaire qui puisse fournir une énergie fiable à grande échelle ?

3. Comment proposez-vous de remédier à la nature intermittente de certaines sources d'énergie renouvelables, comme l'éolien et le solaire ?

4. Comment pouvez-vous garantir la rentabilité des sources d'énergie renouvelables à grande échelle par rapport à l'énergie nucléaire ?

5. Pouvez-vous expliquer comment le risque de catastrophes naturelles, telles que les inondations ou les sécheresses, affecte la fiabilité des sources d'énergie renouvelables ?

6. Pouvez-vous fournir des exemples de mise en œuvre réussie de sources d'énergie renouvelables dans des régions aux ressources et infrastructures limitées ?
7. Comment pouvez-vous garantir la durabilité des sources d'énergie renouvelables compte tenu de la disponibilité limitée de certaines matières premières, comme le lithium ?
8. Pouvez-vous expliquer comment l'intermittence des sources d'énergie renouvelables affecte la fiabilité du réseau énergétique ?
9. Comment proposez-vous d'aborder la question du stockage de l'énergie nécessaire aux sources d'énergie renouvelables, comme les batteries ?
10. Pouvez-vous garantir l'évolutivité des sources d'énergie renouvelables à l'échelle mondiale pour répondre à la demande croissante d'énergie ?

Solutions potentielles

L'efficacité énergétique : L'amélioration de l'efficacité énergétique peut réduire la demande d'énergie et le besoin de nouvelles sources d'énergie. Les deux parties peuvent convenir que l'investissement dans l'efficacité énergétique est une solution rentable qui profite à l'environnement et réduit le besoin de nouvelles sources d'énergie.

Le stockage de l'énergie : Le problème de l'intermittence des sources d'énergie renouvelables peut être résolu en investissant dans des solutions de stockage de l'énergie, telles que les batteries. Le stockage de l'énergie peut fournir une solution fiable et évolutive pour les sources d'énergie renouvelables qui peuvent répondre aux demandes d'énergie.

Gestion des déchets nucléaires : Les deux parties peuvent convenir que la gestion des déchets nucléaires est un problème critique qui doit être abordé. Investir dans la recherche et le développement de technologies d'élimination des déchets nucléaires, comme les dépôts en couches géologiques profondes, peut aider à gérer les déchets dangereux produits par l'énergie nucléaire.

Recherche sur les énergies renouvelables : Investir dans la recherche et le développement de nouvelles technologies d'énergie renouvelable peut constituer une solution fiable et rentable pour répondre à la demande d'énergie. Les deux parties peuvent convenir qu'il est essentiel d'investir dans la recherche sur les énergies renouvelables pour assurer un avenir énergétique durable.

Sécurité de l'énergie nucléaire : Les deux parties peuvent convenir que les mesures et les réglementations de sécurité sont essentielles à l'exploitation sûre des installations d'énergie nucléaire. Investir dans la recherche et le développement de nouvelles technologies de sécurité peut améliorer la sécurité des installations d'énergie nucléaire et réduire le risque d'accidents.

Capture et stockage du carbone : Les technologies de captage et de stockage du carbone peuvent contribuer à réduire les émissions de gaz à effet de serre provenant des sources d'énergie à base de combustibles fossiles. Les deux parties peuvent convenir que l'investissement dans le captage et le stockage du carbone peut réduire l'impact environnemental de la production d'énergie.

Ressources recommandées

Livres pour :

"Nuclear Energy : What Everyone Needs to Know"[25] par Charles D. Ferguson : Une introduction complète à la science et à la technologie de l'énergie nucléaire et à son potentiel en tant que source d'énergie propre.

"Nuclear Energy: Principles, Practices, and Prospects"[26] par David Bodansky. Une autre introduction complète à l'énergie nucléaire et à son potentiel en tant que source d'énergie durable.

Livres contre :

"Nuclear Power Is Not the Answer"[27] par Helen Caldicott : Une critique de l'énergie nucléaire qui soutient qu'elle n'est

---

[25] https://amzn.to/3YHTiAR
[26] https://amzn.to/3kbhvAD
[27] https://amzn.to/3Iyuky5

pas une solution viable aux besoins énergétiques mondiaux en raison de son coût élevé et des risques d'accidents et de prolifération nucléaire.

"The Doomsday Machine : Confessions of a Nuclear War Planner"[28] par Daniel Ellsberg : Les mémoires d'un ancien planificateur de guerre nucléaire qui soutient que l'énergie et les armes nucléaires constituent une grave menace pour l'humanité.

Livres pour et contre (indéterminé) :

"Nuclear Power: A Very Short Introduction"[29] par Maxwell Irvine. Il s'agit d'une introduction concise et accessible à l'énergie nucléaire, couvrant des sujets tels que la technologie des réacteurs nucléaires, la gestion des déchets nucléaires, ainsi que les risques et les avantages de l'énergie nucléaire.

"Raven Rock : The Story of the U.S. Government's Secret Plan to Save Itself--While the Rest of Us Die"[30] par Garrett Graff : Un examen des conséquences potentielles d'une catastrophe nucléaire et du plan de réponse du gouvernement.

---

[28] https://amzn.to/3kcYYUn
[29] https://amzn.to/3IaIPHh
[30] https://amzn.to/414SUhq

Films ou documentaires pour :

"Pandora's Promise"[31] (2013) : Un documentaire qui explore le potentiel de l'énergie nucléaire comme solution au changement climatique et présente des entretiens avec des écologistes qui soutiennent l'énergie nucléaire.

"Into Eternity"[32] (2010) : Un documentaire qui examine la question de l'élimination des déchets nucléaires et les défis de la création d'une installation de stockage sûre et sécurisée.

Films ou documentaires contre :

"Le syndrome chinois"[33] (1979) : Un film qui raconte l'histoire d'un accident dans une centrale nucléaire et la dissimulation subséquente par la compagnie d'électricité.

"Tchernobyl"[34] (2019) : Une mini-série qui met en scène les événements de la catastrophe de Tchernobyl en 1986 et l'impact humain et environnemental de l'accident.

---

[31] https://amzn.to/3XGWThd
[32] https://cutt.ly/T3Z7min
[33] https://amzn.to/3lMGL0B
[34] https://amzn.to/3Iauyu3

Films ou documentaires pour et contre (indéterminé) :

"La bataille de Tchernobyl"[35] (2006). Il s'agit d'un documentaire qui explore les conséquences de la catastrophe nucléaire de Tchernobyl et les efforts déployés pour contenir la contamination radioactive. Le film présente les deux côtés du débat sur l'énergie nucléaire, y compris les avantages et les risques potentiels de l'énergie nucléaire.

---

[35] https://amzn.to/3XEu0Cn

Soins de santé universels

"Le test de notre progrès n'est pas de savoir si nous ajoutons davantage à l'abondance de ceux qui ont beaucoup ; c'est de savoir si nous fournissons suffisamment à ceux qui ont trop peu." - Franklin D. Roosevelt

Le thème du débat est de savoir si les soins de santé doivent être considérés comme un droit humain fondamental, et si les gouvernements ont la responsabilité de les fournir à tous les citoyens. La coalition plaide en faveur de la motion, affirmant que les soins de santé sont un impératif moral, qu'ils permettent de faire des économies à long terme et qu'ils améliorent la qualité générale des soins. L'opposition s'oppose à la motion, affirmant que les individus devraient être responsables de leurs propres soins de santé, que les soins de santé universels peuvent être coûteux et conduire à l'instabilité économique, et qu'ils peuvent ne pas fournir la meilleure qualité de soins. Le débat est centré sur les implications morales, économiques et pratiques des soins de santé universels.

Discours de la Coalition :

Mesdames et messieurs,

Nous sommes ici aujourd'hui pour plaider en faveur de la motion "Cette maison soutient les soins de santé universels". Nous pensons que les soins de santé sont un droit humain fondamental, et que les gouvernements ont la responsabilité de veiller à ce que tous les citoyens y aient accès. Nos arguments se répartissent en trois catégories principales : morale et philosophique, économique et pratique.

Premièrement, d'un point de vue moral et philosophique, nous pensons que tous les individus ont droit à la santé. En permettant l'accès aux soins de santé pour tous, nous pouvons promouvoir la justice sociale et réduire les disparités en matière de santé. Les soins de santé universels peuvent également contribuer à promouvoir la santé publique en fournissant des soins préventifs et en réduisant la propagation des maladies. C'est un impératif moral que personne ne se voie refuser l'accès aux soins de santé en raison de sa capacité à payer.

Deuxièmement, d'un point de vue économique, nous pensons que les soins de santé universels peuvent réellement permettre de réaliser des économies à long terme. En réduisant les coûts globaux des soins de santé et en favorisant les traitements précoces et les soins préventifs, nous pouvons contribuer à réduire la charge financière qui pèse sur les individus et les familles. En outre, une population en meilleure santé peut contribuer à une croissance économique et une productivité accrues. En éliminant le besoin d'une assurance privée et en réduisant les dépenses personnelles, les soins de santé universels peuvent contribuer à réduire la charge financière globale des individus et des familles.

Enfin, d'un point de vue pratique, nous pensons que les soins de santé universels peuvent simplifier le processus administratif des soins de santé et améliorer la qualité des soins. En éliminant le besoin de plans d'assurance multiples et en réduisant les coûts administratifs, nous pouvons améliorer l'efficacité administrative. En outre, en donnant accès à un plus large éventail de services de santé et en réduisant la charge des tâches administratives pour les prestataires de soins de santé, nous pouvons promouvoir une meilleure qualité des soins et de meilleurs résultats en matière de santé.

En conclusion, nous sommes convaincus que les soins de santé universels sont un droit humain fondamental auquel tous les individus devraient avoir accès. En permettant l'accès aux soins de santé pour tous, nous pouvons promouvoir la justice sociale, améliorer la santé publique, réduire les coûts des soins de santé et améliorer la qualité générale des soins. Nous vous demandons instamment de soutenir la motion suivante : "Cette maison soutient les soins de santé universels". Merci.

Discours de l'Opposition :

Mesdames et Messieurs,

Nous sommes ici aujourd'hui pour argumenter contre la motion "Cette maison soutient les soins de santé universels". Bien que nous reconnaissions l'importance des soins de santé pour tous les individus, nous pensons que les soins de santé universels ne sont pas la meilleure solution. Nos arguments se répartissent en trois catégories principales : morale et philosophique, économique, et pratique.

Tout d'abord, d'un point de vue moral et philosophique, nous pensons que les individus doivent être responsables de leurs propres soins de santé et qu'il n'appartient pas au gouvernement de les leur fournir. En comptant sur le gouvernement pour fournir des soins de santé, nous pouvons empiéter sur la liberté et le choix individuels en limitant les types de services de santé disponibles. De plus, en créant un sentiment de droit, nous risquons de réduire la responsabilité personnelle pour sa propre santé.

Deuxièmement, d'un point de vue économique, nous pensons que les soins de santé universels peuvent être coûteux et entraîner une augmentation des impôts et des dépenses publiques. Elle peut également décourager l'innovation dans le domaine des soins de santé en limitant les incitations financières pour les nouvelles technologies et les nouveaux traitements médicaux. La perturbation économique causée par la transition vers un système de soins de santé géré par l'État pourrait également entraîner des pertes d'emploi et une instabilité économique.

Enfin, d'un point de vue pratique, nous pensons que les soins de santé universels peuvent ne pas fournir la meilleure qualité de soins. En limitant l'accès à certains services et ressources de santé, nous pourrions réduire la qualité globale des soins. En outre, les soins de santé universels peuvent entraîner des temps d'attente plus longs pour les traitements médicaux et réduire la satisfaction globale des patients. Les systèmes de soins de santé gérés par l'État peuvent également être inefficaces et bureaucratiques, entraînant des retards dans les traitements et un accès réduit aux soins.

En conclusion, bien que nous reconnaissions l'importance des soins de santé pour tous les individus, nous pensons que les soins de santé universels ne sont pas la meilleure solution. En comptant sur le gouvernement pour fournir des soins de santé, nous risquons de réduire la responsabilité personnelle pour sa propre santé, d'augmenter les dépenses et les impôts du gouvernement, de décourager l'innovation dans les soins de santé et de réduire potentiellement la qualité des soins. Nous vous demandons instamment de voter contre la motion "Cette maison soutient les soins de santé universels". Merci.

Résumé des arguments

Arguments en faveur des soins de santé universels :

I. Arguments moraux et philosophiques
A. Le droit à la santé : Les soins de santé sont un droit humain fondamental, et les gouvernements ont la responsabilité de veiller à ce que tous les citoyens y aient accès.
B. Responsabilité sociale : Les soins de santé universels favorisent la justice sociale en garantissant que chacun a accès aux traitements médicaux nécessaires, indépendamment de sa capacité à payer.
C. La santé publique : Les soins de santé universels améliorent la santé globale d'une population en fournissant des soins préventifs, en réduisant la propagation des maladies et en promouvant des comportements sains.

II. Arguments économiques
A. Économies de coûts : Les soins de santé universels peuvent permettre de réaliser des économies à long terme en réduisant les coûts globaux des soins de santé et en favorisant les traitements précoces et les soins préventifs.
B. Croissance économique : Une population en meilleure santé peut contribuer à accroître la croissance économique et la productivité.

C. Réduction de la charge financière : Les soins de santé universels réduisent la charge financière des individus et des familles en éliminant le besoin d'une assurance privée et en réduisant les dépenses personnelles.

III. Arguments pratiques

A. Efficacité administrative : Les soins de santé universels peuvent simplifier le processus administratif des soins de santé en éliminant le besoin de plans d'assurance multiples et en réduisant les coûts administratifs.

B. Amélioration de la qualité des soins : Les soins de santé universels peuvent promouvoir une meilleure qualité des soins en donnant accès à un plus large éventail de services de santé et en réduisant la charge des tâches administratives pour les prestataires de soins de santé.

C. Amélioration des résultats en matière de santé : Les soins de santé universels peuvent améliorer l'état de santé général en garantissant l'accès de tous aux traitements médicaux nécessaires et en réduisant les disparités en matière d'accès aux soins et de résultats.

Arguments contre les soins de santé universels :

I. Arguments moraux et philosophiques

A. La responsabilité personnelle : Les individus devraient être responsables de leurs propres soins de santé et ne pas compter sur le gouvernement pour les leur fournir.

B. Un gouvernement limité : Le gouvernement ne devrait pas s'immiscer dans le marché privé des soins de santé et laisser le choix et la concurrence aux individus.

C. Atteinte à la liberté : Les soins de santé universels peuvent porter atteinte à la liberté et au choix individuels en limitant les types de services de santé disponibles.

II. Arguments économiques

A. Coûts élevés : Les soins de santé universels peuvent être coûteux et entraîner une hausse des impôts et des dépenses publiques.

B. Désincitation à l'innovation : Les soins de santé universels peuvent décourager l'innovation dans les soins de santé en limitant les incitations financières pour les nouvelles technologies et les nouveaux traitements médicaux.

C. Perturbation économique : Les soins de santé universels peuvent perturber le marché actuel des soins de santé et entraîner des pertes d'emplois et une instabilité économique.

III. Arguments pratiques

A. Qualité des soins : Les soins de santé universels peuvent réduire la qualité des soins en limitant l'accès à certains services et ressources de santé.

B. Temps d'attente : Les soins de santé universels peuvent entraîner des temps d'attente plus longs pour les traitements médicaux et réduire la satisfaction globale des patients.

C. L'inefficacité des pouvoirs publics : Les systèmes de soins de santé gérés par l'État peuvent être inefficaces et bureaucratiques, ce qui entraîne des retards dans les traitements et réduit l'accès aux soins.

Questions

Questions pièges pour la Coalition :

1. Si les soins de santé sont un droit humain fondamental, pourquoi le gouvernement ne fournit-il pas tous les traitements nécessaires, quel que soit leur coût ?

2. Comment les soins de santé universels peuvent-ils être un impératif moral alors qu'ils obligent les gens à payer pour des services qu'ils ne veulent pas ou dont ils n'ont pas besoin ?

3. Si les soins de santé sont un droit, les individus devraient-ils être autorisés à choisir de ne pas participer au système et à prendre en charge leurs propres besoins en matière de santé ?

4. Si les soins de santé universels permettent de réaliser des économies à long terme, pourquoi tous les pays qui les ont mis en œuvre n'ont-ils pas constaté une diminution des coûts globaux des soins de santé ?

5. Est-il juste de forcer les contribuables à payer les soins de santé d'autres personnes qui n'ont peut-être pas fait les mêmes choix de vie qu'eux ?

6. Si les soins de santé universels sont si efficaces et rentables, pourquoi de nombreux pays dotés de systèmes de santé publics ont-ils encore de longs délais d'attente pour les traitements ?

7. Comment le gouvernement peut-il garantir que tous les citoyens reçoivent la même qualité de soins, indépendamment de leur statut socio-économique ou de leur situation géographique ?

8. Si les soins de santé sont un droit de l'homme fondamental, quels autres besoins le gouvernement devrait-il être chargé de fournir à ses citoyens ?

9. Comment un système de soins de santé unique peut-il répondre efficacement aux divers besoins en matière de soins de santé d'une population vaste et variée ?

10. Si les soins de santé sont un droit humain fondamental, pourquoi les individus devraient-ils être obligés de payer une pénalité fiscale s'ils n'ont pas d'assurance maladie ?

Questions pièges pour l'opposition :

1. Si les individus doivent être responsables de leurs propres soins de santé, qu'en est-il des personnes qui n'ont pas les moyens de payer un traitement médical nécessaire ?

2. Si l'innovation dans les soins de santé est si importante, pourquoi de nombreuses compagnies d'assurance privées refusent-elles de couvrir les

nouveaux traitements médicaux et les nouvelles technologies ?

3. Si la responsabilité personnelle est si importante, pourquoi de nombreux individus n'ont-ils pas accès aux informations et aux ressources nécessaires pour prendre des décisions éclairées en matière de soins de santé ?

4. Si le gouvernement ne doit pas être responsable de la fourniture de soins de santé, pourquoi devrait-il être responsable de la fourniture d'autres services essentiels, tels que l'éducation et la sécurité publique ?

5. Si les soins de santé universels sont si coûteux et entraînent une instabilité économique, pourquoi de nombreux pays dotés de systèmes de santé publics ont-ils des économies plus fortes et plus stables que les pays qui n'en ont pas ?

6. Si les temps d'attente plus longs sont un problème pour les soins de santé universels, pourquoi de nombreuses personnes dans les pays dotés de systèmes de santé publics se déclarent-elles plus satisfaites de leurs soins de santé que celles des pays qui n'en ont pas ?

7. Si le manque d'accès aux ressources de santé peut réduire la qualité globale des soins, comment les personnes disposant de ressources financières limitées peuvent-elles gérer efficacement leurs besoins de santé ?

8. Si la responsabilité personnelle est si importante, pourquoi de nombreux individus n'ont-ils pas accès

aux informations et aux ressources nécessaires pour prendre des décisions éclairées en matière de soins de santé ?

9. Si le gouvernement ne doit pas être impliqué dans les soins de santé, quels autres services ne devrait-il pas être responsable de fournir à ses citoyens ?

10. Si la responsabilité personnelle est si importante, pourquoi de nombreuses personnes n'ont-elles pas accès aux informations et aux ressources nécessaires pour prendre des décisions éclairées en matière de soins de santé ?

Solutions potentielles

Partenariats public-privé : Une solution potentielle pourrait être de créer un partenariat entre le gouvernement et les prestataires de soins de santé privés. Cela permettrait au gouvernement de fournir des services de santé de base à tous les citoyens, tout en laissant l'option des soins de santé privés à ceux qui peuvent se le permettre.

Comptes d'épargne santé : Une autre solution pourrait consister à mettre en place des comptes d'épargne santé, qui permettraient aux individus d'économiser de l'argent en franchise d'impôt pour payer les frais de santé. Cela encouragerait la responsabilité personnelle et contribuerait à réduire les coûts des soins de santé.

Prévention et éducation : Investir dans la prévention et l'éducation pourrait également être une solution sur laquelle les deux parties pourraient s'entendre. En éduquant les individus sur les choix de mode de vie sains et en fournissant des soins préventifs, les coûts des soins de santé pourraient être réduits et les individus pourraient prendre plus de responsabilités pour leur propre santé.

Innovation et recherche : Une autre solution potentielle pourrait être d'augmenter les investissements dans la recherche médicale et l'innovation. Cela permettrait de développer de nouveaux traitements et de nouvelles technologies, d'améliorer la qualité globale des soins et de réduire potentiellement les coûts au fil du temps.

Aide ciblée aux soins de santé : Une solution qui pourrait satisfaire les deux parties pourrait consister à fournir une aide ciblée en matière de soins de santé à ceux qui en ont le plus besoin, comme les personnes à faible revenu ou celles souffrant de conditions préexistantes. Cela permettrait de garantir que les personnes qui en ont le plus besoin reçoivent les soins de santé dont elles ont besoin, tout en maintenant la responsabilité personnelle de ceux qui peuvent se le permettre.

Ressources recommandées

Livres pour :

"The Healing of America : A Global Quest for Better, Cheaper, and Fairer Health Care"[36] par T.R. Reid : Ce livre explore les différents systèmes de soins de santé dans le monde et plaide pour la mise en place de soins de santé universels aux États-Unis.

"Health Care Will Not Reform Itself : A User's Guide to Refocusing and Reforming American Health Care"[37] par George Halvorson : Ce livre propose un plan complet pour la réforme des soins de santé aux États-Unis, y compris la mise en œuvre de soins de santé universels.

Livres contre :

"Deadly Spin : An Insurance Company Insider Speaks Out on How Corporate PR is Killing Health Care and Deceiving Americans"[38] par Wendell Potter : Ce livre critique le système de santé américain et le secteur des assurances, mais s'oppose à la mise en place de soins de santé universels comme solution.

---

[36] https://amzn.to/3SaHZlx
[37] https://amzn.to/4lheVd8
[38] https://amzn.to/3YYZJiH

"The Medicalization of Society : On the Transformation of Human Conditions into Treatable Disorders"[39] par Peter Conrad : Ce livre critique la médicalisation de la société et s'oppose à l'idée que les soins de santé sont un droit humain fondamental qui devrait être fourni par le gouvernement.

Livres pour et contre (indéterminé) :

"Critical : What We Can Do About the Health-Care Crisis"[40] par Tom Daschle et Jeanne Lambrew : Ce livre explore la crise des soins de santé aux États-Unis et propose des solutions potentielles, y compris la possibilité de soins de santé universels, mais comprend également des critiques de l'ACA.

"The Truth About Obamacare"[41] par Sally C. Pipes : Ce livre présente une critique de l'ACA et offre des solutions alternatives pour la réforme des soins de santé, y compris la possibilité de soins de santé universels.

Films ou documentaires pour :

"Sicko"[42] réalisé par Michael Moore : Ce documentaire explore les failles du système de santé américain et plaide pour des soins de santé universels, en s'appuyant sur des

---

[39] https://amzn.to/3I7kdPD
[40] https://amzn.to/3EfTFdC
[41] https://amzn.to/3xuZ5Og
[42] https://amzn.to/3IAZIfK

exemples d'autres pays disposant de soins de santé universels.

"The Healthcare Movie"[43] réalisé par Laurie Simons et Terry Sterrenberg : Ce documentaire explore l'histoire du système de santé canadien et plaide pour la mise en place de soins de santé universels aux États-Unis.

Films ou documentaires contre :

"Doctored"[44] by Bobby Sheehan. This documentary argues against the expansion of government involvement in healthcare, focusing on issues such as medical freedom and the pharmaceutical industry's influence on healthcare policy.

Films ou documentaires pour et contre (indéterminé) :

"Fix It: Healthcare at the Tipping Point"[45] réalisé par Richard Master : Ce documentaire explore la crise des soins de santé aux États-Unis et présente des solutions potentielles, notamment la possibilité de soins de santé universels, mais comprend également des critiques de l'ACA.

---

[43] https://thehealthcaremovie.net/home/
[44] https://amzn.to/3klzd9L
[45] https://amzn.to/3XHVO95

Vaccination obligatoire

"Le droit de frapper du poing s'arrête là où commence le nez de l'autre homme." - Oliver Wendell Holmes Jr.

La motion du débat consiste à savoir si la vaccination doit être obligatoire pour protéger la santé publique ou si elle porte atteinte aux libertés individuelles et au choix médical. Les partisans de la vaccination obligatoire affirment qu'elle est nécessaire pour prévenir les épidémies de maladies dangereuses, protéger les populations vulnérables et promouvoir l'immunité collective. Les opposants affirment que la vaccination obligatoire viole l'autonomie personnelle et le consentement éclairé, qu'elle peut ne pas être efficace ou nécessaire, et qu'elle soulève des problèmes éthiques concernant la coercition et le rôle du gouvernement dans la dictée des décisions médicales personnelles.

Discours de la Coalition :

Mesdames et Messieurs,

Nous sommes réunis aujourd'hui pour débattre d'un sujet crucial qui affecte la santé et le bien-être de tous les membres de la société : la vaccination obligatoire. Notre coalition croit fermement que la vaccination est essentielle pour protéger la santé publique et prévenir les épidémies, et que l'obligation de vaccination est une mesure nécessaire pour assurer la sécurité des individus et des communautés.

D'abord et avant tout, les avantages de la vaccination en matière de santé publique sont indéniables. Les vaccins protègent les individus contre les maladies mortelles et empêchent la propagation des maladies contagieuses. La vaccination obligatoire garantit l'immunité collective, ce qui signifie que lorsqu'un nombre suffisant de personnes sont vaccinées, il est plus difficile pour une maladie de se propager, ce qui réduit le risque d'épidémies. Les gouvernements ont le devoir de protéger la santé publique et de prévenir les épidémies, et la vaccination obligatoire est un élément essentiel de cette responsabilité.

En outre, les libertés individuelles ne sont pas absolues. La société impose des limites aux libertés individuelles pour le bien de tous, et l'obligation de vaccination n'est pas différente des autres mesures de santé publique telles que le port de la ceinture de sécurité ou l'interdiction de fumer en public. En outre, des considérations éthiques soutiennent la vaccination obligatoire. Les vaccins sont un moyen sûr et efficace de prévenir les maladies, et choisir de ne pas vacciner met en danger les populations vulnérables comme les enfants, les personnes âgées et les personnes immunodéprimées. Par conséquent, la vaccination obligatoire est éthiquement justifiée pour protéger les membres les plus vulnérables de la société.

L'opposition fait valoir que la liberté individuelle ne doit pas être sacrifiée au nom de la santé publique, mais la réalité est que les choix individuels peuvent avoir de graves conséquences pour les autres. Le choix de ne pas vacciner peut entraîner des épidémies qui mettent en danger des communautés entières, et le principe du consentement éclairé doit être mis en balance avec le bien commun. En outre, l'opposition prétend que la vaccination obligatoire n'est ni efficace ni nécessaire, mais il n'en reste pas moins que les vaccins ont prouvé leur efficacité pour prévenir les maladies et sauver des vies. Les maladies que les vaccins préviennent ne constituent pas une menace importante uniquement en raison du succès des programmes de vaccination.

Enfin, l'opposition soulève des préoccupations éthiques concernant la coercition et l'autonomie individuelle, mais la réalité est que la vaccination obligatoire est une mesure nécessaire pour protéger la santé publique. Les stratégies alternatives telles que l'éducation et la sensibilisation sont importantes mais ne suffisent pas à garantir des taux de vaccination élevés. La seule façon d'atteindre l'immunité de groupe est la vaccination obligatoire.

En conclusion, Mesdames et Messieurs, la vaccination obligatoire est essentielle pour protéger la santé publique et prévenir les épidémies. Les libertés individuelles sont importantes, mais elles doivent être mises en balance avec le bien de la société. Nous vous invitons à soutenir cette motion et à assurer la sécurité de tous les membres de nos communautés.

Discours de l'Opposition :

Mesdames et Messieurs,

Nous nous présentons devant vous aujourd'hui pour argumenter contre la motion visant à rendre la vaccination obligatoire. Notre opposition croit fermement que la vaccination obligatoire viole la liberté et l'autonomie personnelles, et que les risques associés aux vaccins et aux épidémies ne justifient pas cette atteinte aux droits individuels.

D'abord et avant tout, la liberté individuelle ne doit pas être sacrifiée au nom de la santé publique. Les individus ont le droit de prendre leurs propres décisions médicales et le gouvernement ne devrait pas les forcer à introduire quelque chose dans leur corps contre leur gré. L'obligation de vaccination viole le principe du consentement éclairé et porte atteinte à l'autonomie individuelle. En outre, la vaccination obligatoire soulève des questions éthiques sur la coercition et le rôle du gouvernement dans la dictée des décisions médicales personnelles.

En outre, la vaccination obligatoire n'est ni efficace ni nécessaire. Les vaccins comportent des risques et peuvent ne pas être efficaces pour tout le monde. En outre, les maladies que les vaccins préviennent ne constituent pas une menace importante à l'époque moderne. L'opposition reconnaît que les vaccins peuvent être efficaces pour certaines populations, mais ces avantages doivent être mis en balance avec les risques et les droits individuels.

Enfin, la vaccination obligatoire soulève des problèmes éthiques. La coercition viole l'autonomie et la dignité de l'individu. Elle peut entraîner une méfiance à l'égard du système médical et diminuer l'acceptation des vaccins. Des stratégies alternatives telles que l'éducation et la sensibilisation sont préférables à la vaccination obligatoire. Au lieu d'imposer des mandats, nous devrions nous concentrer sur l'éducation et les ressources pour aider les individus à prendre des décisions éclairées sur la vaccination.

En conclusion, Mesdames et Messieurs, la vaccination obligatoire ne constitue pas une atteinte justifiable à la liberté et à l'autonomie personnelles. Les risques associés aux vaccins et aux épidémies ne justifient pas la coercition gouvernementale des décisions médicales personnelles. Nous vous demandons instamment de tenir compte des droits et de l'autonomie des individus lorsque vous prendrez votre décision sur cette motion. Merci.

Résumé des arguments

Arguments en faveur de la motion :

I. Les avantages pour la santé publique l'emportent sur les libertés individuelles

- Les vaccinations protègent les individus et les communautés contre des maladies mortelles
- La vaccination obligatoire garantit l'immunité collective et réduit la transmission des maladies.
- Les gouvernements ont le devoir de protéger la santé publique et de prévenir les épidémies.

II. Les libertés individuelles ne sont pas absolues

- La société impose des limites aux libertés individuelles pour le bien de tous.
- L'obligation de vaccination n'est pas différente des autres mesures de santé publique telles que le port de la ceinture de sécurité ou l'interdiction de fumer en public.

III. Les considérations éthiques soutiennent la vaccination obligatoire

- Les vaccins sont un moyen sûr et efficace de prévenir les maladies.

- Le choix de ne pas vacciner met en danger les populations vulnérables telles que les enfants, les personnes âgées et les personnes immunodéprimées.
- La vaccination obligatoire est éthiquement justifiée pour protéger les membres les plus vulnérables de la société.

Arguments contre la motion :

I. La liberté individuelle ne doit pas être sacrifiée pour la santé publique

- Les individus ont le droit de prendre leurs propres décisions médicales.
- L'obligation de vaccination viole le principe du consentement éclairé.
- Le gouvernement ne devrait pas forcer les individus à introduire quelque chose dans leur corps contre leur gré.

II. La vaccination obligatoire n'est ni efficace ni nécessaire

- Les vaccins comportent des risques et ne sont pas forcément efficaces pour tout le monde.
- Les maladies que les vaccins préviennent ne constituent pas une menace importante.
- D'autres mesures de santé publique sont suffisantes pour protéger la santé publique.

III. La vaccination obligatoire soulève des problèmes éthiques

- La coercition viole l'autonomie et la dignité de l'individu
- La vaccination forcée peut entraîner une méfiance à l'égard du système médical et réduire l'acceptation des vaccins.
- Des stratégies alternatives telles que l'éducation et la sensibilisation sont préférables à la vaccination obligatoire.

Questions

Questions pièges pour la coalition (en faveur de la vaccination obligatoire) :

1. Si les vaccins sont si efficaces, alors pourquoi devons-nous les rendre obligatoires ?
2. Les individus ne devraient-ils pas avoir le droit de choisir les interventions médicales qu'ils reçoivent ?
3. Suggérez-vous que le gouvernement devrait avoir le pouvoir d'injecter de force des vaccins à des personnes contre leur volonté ?
4. Comment répondez-vous aux préoccupations selon lesquelles la vaccination obligatoire viole la liberté individuelle et l'autonomie corporelle ?
5. Que répondez-vous aux personnes qui ont subi des réactions indésirables aux vaccins ?

6. Comment pouvez-vous garantir la sécurité et l'efficacité de tous les vaccins pour chaque individu ?

7. Si les vaccins sont si sûrs, pourquoi les fabricants de vaccins bénéficient-ils d'une immunité juridique contre les poursuites liées aux blessures causées par les vaccins ?

8. Comment pouvez-vous garantir que les politiques de vaccination obligatoire ne sont pas influencées par les intérêts de l'industrie pharmaceutique ?

9. Qu'en est-il des personnes qui ont des objections religieuses ou philosophiques aux vaccins ?

10. Ne devrions-nous pas nous concentrer sur l'amélioration des infrastructures de santé publique et de l'accès aux soins de santé au lieu de rendre les vaccins obligatoires ?

Questions pièges pour l'opposition (contre la vaccination obligatoire) :

1. Croyez-vous que la liberté individuelle prime sur les préoccupations de santé publique ?

2. Que dites-vous aux personnes qui ne peuvent pas être vaccinées pour des raisons médicales, comme des allergies ou un système immunitaire affaibli ?

3. Si les vaccins ne sont pas efficaces, pourquoi ont-ils permis d'éradiquer des maladies comme la variole et de réduire l'incidence d'autres maladies comme la polio et la rougeole ?

4. Comment répondez-vous aux preuves que la vaccination a sauvé d'innombrables vies et empêché des épidémies généralisées ?

5. Comment pouvez-vous justifier que des personnes non vaccinées exposent d'autres personnes à un risque de maladie grave ou de décès ?

6. Pensez-vous qu'il soit éthique que des individus fassent passer leurs croyances ou préférences personnelles avant la santé et le bien-être de la communauté ?

7. Que proposeriez-vous comme solution alternative pour prévenir les épidémies de maladies dangereuses ?

8. Comment pouvons-nous faire en sorte que les gens aient accès à des informations précises et fiables sur les vaccins afin de prendre des décisions éclairées ?

9. Quelles sont les implications éthiques de la non-vaccination, en particulier pour les personnes les plus vulnérables, comme les jeunes enfants et les personnes âgées ?

10. Si vous vous opposez à la vaccination obligatoire, comment conciliez-vous cette position avec d'autres mesures de santé publique comme les lois sur la ceinture de sécurité, l'interdiction de fumer et les restrictions sur la consommation d'alcool ?

Solutions potentielles

Accroître l'éducation et la sensibilisation : Les deux parties conviennent qu'il est important d'éduquer le public sur les avantages et les risques des vaccins. Le renforcement des programmes d'éducation et de sensibilisation pourrait contribuer à augmenter les taux de vaccination sans recourir à des mandats.

Offrir des incitations à la vaccination : Offrir des incitations, telles que des allégements fiscaux ou des réductions de primes d'assurance, à ceux qui choisissent volontairement de se faire vacciner pourrait encourager davantage de personnes à se faire vacciner.

Étendre les exemptions : Pour ceux qui sont opposés à la vaccination pour des raisons religieuses ou médicales, l'élargissement des exemptions pourrait être une solution potentielle. Toutefois, cette solution nécessiterait une réflexion approfondie afin de s'assurer que la santé publique n'est pas mise en danger.

Proposer des vaccins alternatifs : Certaines personnes peuvent hésiter à se faire vacciner en raison de préoccupations concernant la sécurité et l'efficacité de certains vaccins. Proposer des vaccins ou des formulations alternatives qui ont été testés et se sont avérés sûrs peut contribuer à augmenter les taux de vaccination.

Rendre les vaccins plus accessibles : Pour certains, la difficulté d'accès aux vaccins peut constituer un obstacle à la vaccination. Rendre les vaccins plus accessibles, par exemple en les proposant dans des centres communautaires ou sur le lieu de travail, pourrait contribuer à augmenter les taux de vaccination.

Apporter un soutien aux personnes qui subissent des effets indésirables : Bien que rares, certaines personnes peuvent subir des effets indésirables des vaccins. Offrir un soutien à ces personnes, par exemple des soins médicaux ou une aide financière, pourrait contribuer à répondre aux préoccupations et à accroître la confiance dans les vaccins.

Ressources recommandées

Livres en faveur de la vaccination obligatoire :

"The Panic Virus"[46] de Seth Mnookin : explore l'histoire et la science des vaccins et du mouvement anti-vaccins.

"Vaccines Did Not Cause Rachel's Autism"[47] par Peter Hotez : un récit personnel sur l'importance de la vaccination et les méfaits des croyances anti-vaccins.

---

[46] https://amzn.to/3YWIONO
[47] https://amzn.to/3Sc28ED

"The Vaccine Race"[48] par Meredith Wadman : un récit historique de la course au développement du vaccin contre la rubéole et de son importance pour la santé publique.

Livres contre la vaccination obligatoire :

"Vaccination, la grande désillusion ! Maladies infectieuses, épidémies et vaccins : la réalité des chiffres officiels"[49] de Suzanne Humphries et Roman Bystrianyk : remet en cause la vision dominante de la sécurité et de l'efficacité des vaccins à travers des récits historiques.

"Vaccins, auto immunité et évolution de la nature des maladies infantiles"[50] par Thomas Cowan : explore le lien entre les vaccins et les maladies auto-immunes.

"The Vaccine-Friendly Plan"[51] de Paul Thomas et Jennifer Margulis : présente un calendrier de vaccination alternatif et plaide contre la vaccination obligatoire.

---

[48] https://amzn.to/3Kelnvj
[49] https://amzn.to/3KfrEXF
[50] https://amzn.to/3lO21ml
[51] https://amzn.to/414pTm7

Livres pour et contre la vaccination obligatoire :

"The Vaccine Book"[52] de Robert Sears : présente des informations sur les avantages et les risques des vaccins et propose un calendrier vaccinal flexible.

"The HPV Vaccine On Trial"[53] de Mary Holland, Kim Mack Rosenberg et Eileen Iorio : explore la controverse entourant le vaccin contre le VPH, sa sécurité et son efficacité.

Films ou documentaires en faveur de la vaccination obligatoire :

"Vaccines : Calling the Shots [54]" (PBS, 2014) : explore la science des vaccins et les conséquences de l'hésitation vaccinale.

"Hilleman : A Perilous Quest to Save the World's Children"[55] (2016) : un documentaire sur la vie et le travail du concepteur de vaccins Maurice Hilleman et sur l'importance de la vaccination dans la santé publique.

---

[52] https://amzn.to/3Ib8n74
[53] https://amzn.to/3Z2xtvO
[54] https://amzn.to/3EkDvjj
[55] https://amzn.to/3KiP9iG

Films ou documentaires contre la vaccination obligatoire :

"The Greater Good"[56] (2011) : explore les risques et les avantages des vaccins et remet en question la sécurité de certains vaccins.

"Vaxxed : From Cover-Up to Catastrophe"[57] (2016) : soutient que le vaccin ROR provoque l'autisme et allègue une dissimulation par les Centres de contrôle et de prévention des maladies.

Films ou documentaires pour et contre la vaccination obligatoire :

"The Vaccine War"[58] (PBS, 2010) : explore la controverse autour de la vaccination et l'équilibre entre la santé publique et le choix individuel.

"L'aluminium, les vaccins et les deux lapins"[59] (2017) : présente les avantages et les risques des vaccins et remet en question la sécurité des adjuvants à base d'aluminium utilisés dans certains vaccins.

---

[56] https://amzn.to/3YILy1s
[57] https://vaxxedthemovie.com/dvd/
[58] https://amzn.to/3IyMqA3
[59] https://cutt.ly/h3C1o8Y

Appropriation culturelle

"L'appropriation culturelle est une question de pouvoir, et lorsque les personnes qui ont traditionnellement eu du pouvoir prennent à ceux qui n'en ont pas, c'est de l'oppression." - L. Danielle Baldwin

Le débat sur l'appropriation culturelle porte sur la question de savoir s'il s'agit d'une forme acceptable d'échange et d'appréciation culturels ou d'une forme d'exploitation et de vol. Les partisans de l'appropriation culturelle affirment qu'elle permet l'échange d'idées et l'expression artistique, ce qui favorise la compréhension culturelle et l'élimination des stéréotypes. Les opposants affirment que l'appropriation culturelle consiste souvent à prendre des éléments d'une culture sans comprendre ou respecter leur signification, à perpétuer des stéréotypes nuisibles et à ignorer l'histoire et les expériences de la culture. Ils soulignent également l'importance de reconnaître les dynamiques de pouvoir et de préserver le patrimoine culturel.

Discours de la Coalition :

Mesdames et Messieurs,

Aujourd'hui, nous sommes ici pour discuter du sujet de l'appropriation culturelle. Nous, la coalition, soutenons fortement la motion selon laquelle l'appropriation culturelle devrait être considérée comme une forme acceptable d'échange et d'appréciation culturelle.

Tout d'abord, l'appropriation culturelle permet l'échange d'idées et l'appréciation de différentes cultures. Elle peut aider à promouvoir la compréhension culturelle et à briser les stéréotypes. En empruntant des éléments à différentes cultures, nous pouvons apprendre à apprécier et à comprendre la beauté et la diversité des autres cultures. Elle permet une pollinisation croisée des idées et de l'art, enrichissant ainsi notre patrimoine culturel.

Deuxièmement, les individus devraient avoir la liberté de s'exprimer par le biais de leurs vêtements, accessoires et autres objets culturels. Interdire l'appropriation culturelle pourrait limiter l'expression artistique. La culture est une entité vivante et évolutive, et elle devrait être célébrée et appréciée par tous. Si nous limitons l'emprunt et le partage d'idées culturelles, nous risquons d'étouffer la créativité et l'innovation.

Enfin, il est important de considérer le contexte historique de l'appropriation culturelle. De nombreuses cultures ont une histoire d'emprunt et d'adaptation à d'autres cultures, comme la nourriture et la mode. Le concept de pureté culturelle est irréaliste et peut conduire à la stagnation culturelle. Ce sont les emprunts et les échanges d'idées qui ont permis aux cultures de prospérer et d'évoluer au fil du temps.

En conclusion, la coalition soutient fermement l'appropriation culturelle comme moyen d'échange et d'appréciation de la culture. Elle nous permet d'apprendre, d'apprécier et de comprendre la beauté et la diversité des autres cultures. Il est important de protéger la liberté d'expression et la créativité artistique des individus, ainsi que de reconnaître le contexte historique des échanges culturels. Merci.

Discours de l'Opposition :

Mesdames et Messieurs,

Nous, l'opposition, sommes ici pour argumenter contre la motion selon laquelle l'appropriation culturelle devrait être considérée comme une forme acceptable d'échange et d'appréciation culturels. Nous croyons que l'appropriation culturelle est une forme d'exploitation et de vol qui mine l'identité et le patrimoine culturels des communautés marginalisées.

Tout d'abord, l'appropriation culturelle consiste souvent à prendre des éléments d'une culture sans en comprendre ou en respecter la signification. Elle peut perpétuer des stéréotypes nuisibles et ignorer l'histoire et les expériences de la culture appropriée. Il est important de reconnaître le contexte et la signification des objets et pratiques culturels, et de respecter la signification culturelle et le patrimoine de ces objets.

Deuxièmement, la dynamique du pouvoir joue un rôle important dans l'appropriation culturelle. L'appropriation culturelle peut se produire lorsque des membres d'une culture dominante s'approprient des éléments d'une culture marginalisée sans reconnaissance ni compensation appropriées. Cela renforce la dynamique de pouvoir et peut conduire à une marginalisation accrue de la culture appropriée. Il est important de reconnaître et d'aborder les déséquilibres de pouvoir qui existent entre les cultures, et de lutter pour l'équité et la justice.

Enfin, la préservation culturelle est cruciale pour maintenir le patrimoine culturel et l'identité des communautés marginalisées. L'appropriation culturelle peut conduire à la réification et à la commercialisation d'objets et de pratiques culturels, les vidant de leur sens et de leur signification. Il est important de préserver les traditions culturelles et de respecter la propriété intellectuelle des différentes cultures.

En conclusion, l'opposition s'oppose fermement à l'appropriation culturelle comme moyen d'échange et d'appréciation de la culture. Il s'agit d'une forme d'exploitation et de vol qui porte atteinte à l'identité et au patrimoine culturels des communautés marginalisées. Il est important de reconnaître et de respecter l'importance culturelle et le patrimoine des différentes cultures, de remédier aux déséquilibres de pouvoir et de préserver les traditions culturelles. Merci.

Résumé des arguments

Arguments en faveur de la motion "Cette maison soutient le crédit culturel" :

I. Échange et appréciation de la culture

- L'appropriation culturelle permet l'échange d'idées et l'appréciation des différentes cultures.
- Elle peut aider à promouvoir la compréhension culturelle et à briser les stéréotypes.

II. La liberté d'expression

- Les individus devraient avoir la liberté de s'exprimer à travers leurs vêtements, accessoires et autres objets culturels.
- Interdire l'appropriation culturelle pourrait limiter l'expression artistique.

III. Contexte historique

De nombreuses cultures ont une histoire d'emprunts et d'adaptation à d'autres cultures, notamment en matière de nourriture et de mode.

Le concept de pureté culturelle est irréaliste et peut mener à la stagnation culturelle.

Arguments contre la motion "Cette maison soutient l'appropriation culturelle" :

I. Exploitation et vol

- L'appropriation culturelle consiste souvent à prendre des éléments d'une culture sans en comprendre ou en respecter la signification.
- Elle peut perpétuer des stéréotypes nuisibles et ignorer l'histoire et les expériences de la culture.

II. Dynamique du pouvoir

- L'appropriation culturelle peut se produire lorsque des membres d'une culture dominante s'approprient des éléments d'une culture marginalisée sans reconnaissance ni compensation appropriées.
- Cela renforce la dynamique du pouvoir et peut conduire à une marginalisation accrue de la culture appropriée.

III. Préservation de la culture

- L'appropriation culturelle peut conduire à la réification et à la commercialisation d'objets et de pratiques culturels, les vidant de leur sens et de leur signification.

- Il est important de préserver les traditions culturelles et de respecter la propriété intellectuelle des différentes cultures.

Questions

Questions pièges pour la Coalition (en faveur de l'appropriation culturelle) :

1. Si l'appropriation culturelle est une forme d'appréciation, pourquoi les communautés marginalisées se sentent-elles souvent irrespectées et offensées par celle-ci ?
2. Pouvez-vous définir la limite entre l'appréciation culturelle et l'appropriation culturelle ?
3. Si l'appropriation culturelle est acceptable, serait-il normal qu'une personne porte des vêtements ou des symboles religieux sans en comprendre la signification ?
4. Pouvez-vous expliquer pourquoi il est nécessaire pour les cultures dominantes d'emprunter aux cultures marginalisées afin de les apprécier ?
5. Comment pouvez-vous être sûr que l'emprunt d'éléments culturels ne contribue pas à la marginalisation de certains groupes ?
6. Croyez-vous que les individus ont la responsabilité de s'éduquer sur les cultures qu'ils empruntent ?

7. Comment trouver un équilibre entre la liberté d'expression et la nécessité de respecter les traditions et le patrimoine culturels ?

8. Y a-t-il une différence entre l'appropriation culturelle et l'assimilation culturelle ?

9. L'appropriation culturelle peut-elle être considérée comme une forme d'exploitation, même si elle est faite avec de bonnes intentions ?

10. Que peut-on faire pour s'assurer que l'emprunt culturel est respectueux et éthique ?

Questions pièges pour l'opposition (contre l'appropriation culturelle) :

1. Si l'emprunt culturel est toujours une forme d'exploitation, serait-il acceptable pour une personne issue d'une communauté marginalisée de s'approprier des éléments d'une autre culture ?

2. Pouvez-vous donner des exemples d'échanges culturels qui ne sont pas considérés comme de l'appropriation culturelle ?

3. Comment pouvons-nous déterminer qui a le droit de revendiquer la propriété d'un élément culturel particulier ?

4. Est-il possible pour différentes cultures d'exister sans s'emprunter les unes aux autres ?

5. Pouvez-vous expliquer comment la préservation culturelle peut être réalisée sans limiter l'expression artistique et l'innovation ?

6. Comment définissez-vous la pureté culturelle, et pourquoi est-elle irréaliste ?

7. Croyez-vous que l'appropriation culturelle est toujours intentionnelle, ou peut-elle se faire inconsciemment ?

8. Pouvez-vous donner des exemples d'échanges culturels qui ont été bénéfiques pour les communautés marginalisées ?

9. Comment pouvons-nous promouvoir la compréhension et l'appréciation culturelles sans nous engager dans l'emprunt culturel ?

10. Est-il possible d'emprunter des cultures d'une manière qui soit respectueuse et éthique ? Si oui, quels sont les critères pour le déterminer ?

Solutions potentielles

L'éducation : L'éducation des individus sur la signification culturelle de certaines pratiques, objets et traditions peut contribuer à promouvoir le respect et la compréhension entre les cultures. Encourager les individus à se renseigner sur les différentes cultures peut également contribuer à réduire les malentendus et les stéréotypes.

Collaboration : Encourager la collaboration entre les membres de différentes cultures peut contribuer à promouvoir la compréhension et l'appréciation. Il peut s'agir d'événements culturels communs, d'expositions d'art, de spectacles musicaux et d'autres activités permettant l'échange d'idées et l'expression artistique.

Reconnaissance et crédit : Reconnaître et créditer les cultures qui inspirent certaines œuvres artistiques, dessins de mode ou autres créations peut contribuer à promouvoir la compréhension et le respect. Il s'agit notamment de mentionner correctement les sources d'inspiration et d'éviter toute déformation ou appropriation illicite.

Rémunération équitable : Lors de la commercialisation ou de la vente d'objets culturels, veiller à ce que les membres de la culture dont l'objet est issu reçoivent une compensation adéquate peut contribuer à réduire l'exploitation et le manque de respect.

Normes éthiques : L'élaboration de normes et de lignes directrices éthiques pour l'utilisation et l'emprunt d'éléments culturels peut contribuer à garantir que l'emprunt culturel se fait d'une manière respectueuse et éthique. Cela peut inclure des lignes directrices pour l'utilisation appropriée de symboles, d'objets et de pratiques provenant d'autres cultures.

Respect du patrimoine culturel : Encourager le respect du patrimoine culturel et des traditions des différentes cultures peut aider à promouvoir la compréhension et l'appréciation. Il s'agit notamment d'éviter les pratiques qui diminuent l'importance ou l'histoire des objets et pratiques culturels.

Ressources recommandées

Livres sur l'appropriation culturelle :

"Appropriating Blackness : Performance and the Politics of Authenticity"[60] par E. Patrick Johnson : explore le rôle de la race et de la performance dans l'appropriation culturelle et la politique de l'authenticité.

"Cosmopolitisme : Ethics in a World of Strangers"[61] par Kwame Anthony Appiah : Discute de l'importance des échanges culturels et des implications éthiques du cosmopolitisme.

Livres contre l'appropriation culturelle :

"Who Owns Culture ? Appropriation and Authenticity in American Law"[62] par Susan Scafidi : soutient que l'appropriation culturelle perpétue le vol culturel et discute de ses implications légales.

---

[60] https://amzn.to/3S9uGOY
[61] https://amzn.to/3Z5BWhj
[62] https://amzn.to/3YTs3mQ

"Why You Can't Teach United States History without American Indians"[63] by Susan Sleeper-Smith: Argues that the teaching of United States history often perpetuates the cultural appropriation and erasure of Native American histories, and offers strategies for integrating Native American perspectives into history education.

Livres pour et contre l'appropriation culturelle :

"Cultural Appropriation and the Arts"[64] édité par James O. Young et Conrad G. Brunk : Présente une collection d'essais de divers auteurs qui offrent des perspectives différentes sur l'appropriation culturelle et sa relation avec les arts.

"Black, White, and in Color : Television and Black Civil Rights"[65] par Sasha Torres : explore l'intersection entre la race, la représentation et l'appropriation culturelle dans l'industrie de la télévision.

Films ou documentaires pour l'appropriation culturelle :

"The Birth of Saké"[66] (documentaire) : Explore l'art traditionnel japonais de la fabrication du saké et l'échange culturel qui se produit entre les travailleurs d'une brasserie.

---

[63] https://amzn.to/3Iz0ycA
[64] https://amzn.to/3Ibnm0H
[65] https://amzn.to/3I3yuNa
[66] https://amzn.to/3YxYcQV

"Frida"[67] (film) : Décrit la vie de l'artiste mexicaine Frida Kahlo et son utilisation de l'art traditionnel mexicain dans son travail.

Films ou documentaires contre l'appropriation culturelle :

"Hollywood et les Indiens"[68] (documentaire) : Examine la représentation des peuples indigènes dans les films hollywoodiens et l'appropriation culturelle qui se produit dans ces films.

"The N-Word"[69] (documentaire) : Discute de l'histoire et de l'utilisation contemporaine du mot "N", et de la manière dont son appropriation par des personnes non noires perpétue l'inégalité raciale.

Films ou documentaires pour et contre l'appropriation culturelle :

"The Land of the Enlightened"[70] (documentaire) : Explore la vie des enfants vivant en Afghanistan et leurs relations avec les soldats américains et les médias, en abordant les complexités de l'échange et de l'appropriation culturels dans une zone de conflit.

---

[67] https://amzn.to/3KjBMia
[68] https://www.dailymotion.com/video/xuclx2
[69] https://amzn.to/3IeR1Gx
[70] https://thelandoftheenlightened.com/

Capitalisme et socialisme

"Le vice inhérent au capitalisme est le partage inégal des bénédictions. La vertu inhérente du socialisme est le partage égal des misères." - Winston Churchill

Le débat entre le capitalisme et le socialisme tourne autour de la question de savoir quel système est le meilleur pour promouvoir la croissance économique et la liberté individuelle. Les partisans du capitalisme affirment qu'il encourage l'innovation, alloue les ressources de manière efficace et favorise la mobilité sociale, tandis que les opposants soulignent qu'il perpétue l'inégalité, l'exploitation et la dégradation de l'environnement. Bien que le capitalisme présente des avantages, il est nécessaire de trouver un système qui aborde ces questions tout en favorisant la croissance économique et la liberté individuelle. Le débat met en lumière les compromis entre ces deux systèmes économiques et la nécessité d'une approche équilibrée qui tienne compte à la fois de l'efficacité et de l'équité.

Discours de la Coalition :

Mesdames et Messieurs, nous sommes ici aujourd'hui pour discuter si le capitalisme est le meilleur système pour promouvoir la croissance économique et la liberté individuelle. En tant que coalition, nous soutenons fortement cette motion et nous pensons que le capitalisme est le système le plus efficace pour atteindre ces objectifs.

Tout d'abord, parlons de la croissance économique. Le capitalisme incite les entrepreneurs à innover et à créer de nouveaux produits et services qui stimulent la croissance économique. L'efficacité des marchés garantit une répartition efficace des ressources, ce qui se traduit par une production économique plus élevée. Dans le cadre du capitalisme, les entreprises sont motivées pour améliorer leurs produits et services afin de répondre à la demande des consommateurs, ce qui entraîne une concurrence accrue et profite finalement aux consommateurs.

Deuxièmement, le capitalisme offre aux individus la liberté de choisir leur carrière, les produits et services qu'ils consomment et leur mode de vie. Cette liberté de choix est fondamentale pour la dignité humaine et est au cœur du concept de liberté individuelle. Les individus sont libres de poursuivre leurs propres intérêts et objectifs, et le succès qu'ils obtiennent est le résultat direct de leurs propres efforts.

Troisièmement, le capitalisme favorise la mobilité sociale, en permettant aux individus de s'élever grâce à leur travail et à leur talent, quel que soit leur milieu socio-économique. Le capitalisme incite les individus à investir dans leur éducation afin d'accroître leurs compétences et de gagner des salaires plus élevés. Cela crée une méritocratie, où le succès est basé sur les capacités individuelles, plutôt que sur la classe sociale ou les liens familiaux.

En conclusion, le capitalisme est le meilleur système pour promouvoir la croissance économique et la liberté individuelle. Il encourage l'innovation, alloue efficacement les ressources et favorise la mobilité sociale. Ces facteurs contribuent à la croissance économique et à la réussite individuelle, permettant une meilleure qualité de vie pour tous. Par conséquent, nous vous demandons instamment d'appuyer la motion et de vous joindre à nous pour soutenir le capitalisme. Merci.

Discours de l'Opposition :

Mesdames et Messieurs, nous sommes réunis aujourd'hui pour discuter de la motion visant à déterminer si le capitalisme est le meilleur système pour promouvoir la croissance économique et la liberté individuelle. En tant qu'opposition, nous croyons fermement que le capitalisme perpétue l'inégalité et l'exploitation, et par conséquent, nous ne soutenons pas cette motion.

Tout d'abord, le capitalisme entraîne une concentration des richesses entre les mains de quelques-uns, ce qui perpétue l'inégalité. Les riches ont accès à une meilleure éducation et à de meilleurs soins de santé, tandis que les pauvres ont du mal à joindre les deux bouts. Cela conduit à un écart de richesse grandissant et à une distribution injuste des ressources.

Deuxièmement, le capitalisme conduit à l'exploitation des travailleurs, qui sont mal payés et travaillent dans de mauvaises conditions. La recherche du profit se fait souvent au détriment des droits des travailleurs, les entreprises privilégiant le profit au bien-être de leurs employés. Cela crée un environnement d'exploitation qui est contraire à l'éthique et injuste.

Troisièmement, le capitalisme favorise le profit au détriment de la protection de l'environnement, ce qui entraîne l'exploitation des ressources naturelles et la pollution. L'impact négatif sur l'environnement est très répandu, et il affecte la santé et le bien-être des personnes dans le monde entier. Cette situation est non seulement contraire à l'éthique, mais elle a également des conséquences à long terme sur la durabilité de notre planète.

En conclusion, si le capitalisme présente certains avantages, comme l'incitation à l'innovation, la promotion de l'efficacité des marchés et l'encouragement de la mobilité sociale, il perpétue les inégalités, l'exploitation et la dégradation de l'environnement. Nous avons besoin d'un système qui aborde ces questions tout en favorisant la croissance économique et la liberté individuelle. Par conséquent, nous vous demandons de voter contre cette motion et d'envisager des alternatives au capitalisme qui peuvent mieux répondre à ces défis. Merci.

Résumé des arguments

Arguments en faveur de la motion :

I. La croissance économique

A. Incitations à l'innovation : Le capitalisme incite les entrepreneurs à innover et à créer de nouveaux produits et services qui stimulent la croissance économique.
B. Efficacité des marchés : Le capitalisme favorise une allocation efficace des ressources grâce aux forces du marché, ce qui se traduit par une production économique plus élevée.

II. Liberté individuelle

A. La liberté de choisir : Le capitalisme offre aux individus la liberté de choisir leur carrière, les produits et services qu'ils consomment et leur mode de vie.
B. La responsabilité individuelle : Le capitalisme favorise la responsabilité individuelle, car les individus sont responsables de leur propre succès ou échec économique.

III. La mobilité sociale

A. Possibilité de mobilité ascendante : Le capitalisme permet aux individus d'atteindre la mobilité sociale grâce à leur travail acharné et à leur talent, quel que soit leur milieu socio-économique.
B. Incitations à l'éducation : Le capitalisme incite les individus à investir dans leur éducation afin d'accroître leurs compétences et de gagner des salaires plus élevés.

Arguments contre la motion :

I. Inégalité

A. La concentration des richesses : Le capitalisme entraîne une concentration des richesses entre les mains de quelques-uns, ce qui perpétue les inégalités.
B. Distribution inéquitable des ressources : Le capitalisme ne distribue pas les ressources de manière équitable, les riches ayant accès à une meilleure éducation et à de meilleurs soins de santé.

II. L'exploitation

A. L'exploitation des travailleurs : Le capitalisme conduit à l'exploitation des travailleurs qui sont payés à bas salaire et travaillent dans de mauvaises conditions.
B. Exploitation de l'environnement : Le capitalisme favorise le profit au détriment de la protection de l'environnement,

ce qui entraîne l'exploitation des ressources naturelles et la pollution.

III. L'inefficacité

A. Défaillance du marché : Le capitalisme ne favorise pas toujours une allocation efficace des ressources, car les marchés peuvent ne pas tenir compte des externalités.
B. Inégalité des chances : Le capitalisme perpétue l'inégalité des chances, car les personnes issues de milieux défavorisés ont un accès limité à l'éducation et aux ressources.

Questions

Questions pièges pour les partisans du capitalisme :

1. Si le capitalisme est si efficace pour promouvoir la croissance économique, pourquoi y a-t-il encore de la pauvreté et des inégalités ?
2. Pourquoi les PDG gagnent-ils des centaines de fois plus que le travailleur moyen dans un système capitaliste ?
3. Comment le capitalisme peut-il promouvoir la liberté individuelle alors que de nombreuses personnes doivent travailler de longues heures juste pour joindre les deux bouts ?
4. Si le capitalisme encourage l'innovation, pourquoi tant d'industries sont-elles dominées par quelques grandes entreprises ?

5. Si le marché est si efficace, pourquoi voyons-nous tant de gaspillage et de surconsommation dans les économies capitalistes ?

6. Comment promouvoir la mobilité sociale lorsque l'accès à une éducation et à des soins de santé de qualité est limité par la richesse ?

7. Si le capitalisme est si génial, pourquoi voyons-nous tant de défaillances du marché, telles que la dégradation de l'environnement et les crises financières ?

8. Comment le capitalisme peut-il promouvoir la liberté individuelle alors que les produits de première nécessité comme les soins de santé et le logement sont inabordables pour de nombreuses personnes ?

9. Si le capitalisme est si efficace, pourquoi tant d'industries sont-elles soutenues par des subventions gouvernementales et des plans de sauvetage ?

10. Pourquoi devrions-nous privilégier la croissance économique au détriment des considérations sociales et environnementales ?

Questions pièges pour les partisans du socialisme :

1. Comment le socialisme peut-il promouvoir l'innovation et la créativité sans la recherche du profit ?

2. Si la richesse est distribuée de manière égale dans un système socialiste, quelles sont les incitations à travailler dur et à innover ?

3. Comment un système socialiste peut-il garantir la liberté individuelle lorsque l'État exerce un tel contrôle sur la vie des gens ?

4. Si le socialisme conduit à une plus grande égalité, comment expliquez-vous les inégalités qui existaient dans les pays qui ont mis en œuvre des systèmes socialistes, comme l'Union soviétique et la Chine ?

5. Comment un système socialiste peut-il allouer efficacement les ressources sans les signaux de prix générés par les marchés ?

6. Si l'État contrôle les moyens de production, comment s'assurer qu'il y a suffisamment de concurrence et d'innovation dans l'économie ?

7. Comment le socialisme peut-il promouvoir la mobilité sociale lorsque les opportunités des personnes sont limitées par le contrôle de l'État sur l'économie ?

8. Si les besoins fondamentaux des gens sont garantis dans un système socialiste, quelles sont les incitations à travailler dur et à contribuer à la société ?

9. Comment le socialisme peut-il gérer efficacement la complexité d'une économie moderne sans la flexibilité et la réactivité des mécanismes du marché ?

10. Comment le socialisme peut-il éviter les inefficacités bureaucratiques et la corruption qui ont affligé les systèmes socialistes dans le passé ?

Solutions potentielles

Économie mixte : Une solution pourrait être d'adopter une économie mixte qui combine des éléments du capitalisme et du socialisme. Dans ce système, le gouvernement autoriserait toujours la propriété privée et la concurrence, mais jouerait un rôle plus important dans la régulation du marché et la redistribution des richesses afin de promouvoir une plus grande égalité et un meilleur accès aux ressources.

Le revenu de base universel : Un revenu de base universel est un système dans lequel chaque citoyen reçoit un revenu de base, quelle que soit sa situation professionnelle. Cela permettrait d'offrir un filet de sécurité à ceux qui ont du mal à trouver un emploi ou à joindre les deux bouts, tout en permettant au marché de fonctionner de manière plus capitaliste.

Coopératives de travail : Une autre solution potentielle pourrait être de promouvoir la formation de coopératives de travail, qui sont des entreprises appartenant à leurs travailleurs et gérées par eux. Dans ce système, les travailleurs auraient plus de contrôle sur leur lieu de travail et auraient davantage leur mot à dire sur la manière dont les ressources sont allouées.

Pratiques commerciales socialement responsables : Les entreprises pourraient être encouragées à adopter des pratiques socialement responsables, telles que le versement d'un salaire décent, l'investissement dans des pratiques écologiquement durables et le soutien aux communautés locales. Cela permettrait de promouvoir une plus grande égalité et une plus grande responsabilité sociale au sein d'un système capitaliste.

Impôt progressif : Le système fiscal pourrait être réformé afin que les membres les plus riches de la société paient une plus grande part de leurs revenus en impôts. Cela permettrait au gouvernement de redistribuer les richesses et les ressources pour soutenir les moins bien lotis, sans démanteler complètement le système capitaliste.

Ressources recommandées

Livres pour :

"La richesse des nations"[71] par Adam Smith : Un texte classique qui présente les principes de base du capitalisme de marché libre.

"Capitalisme et liberté"[72] de Milton Friedman : Un ouvrage fondateur qui plaide pour un système économique capitaliste et un rôle limité de l'intervention de l'État sur le marché.

---

[71] https://amzn.to/3IzwltX
[72] https://amzn.to/3XQ3czm

"La route de la servitude"[73] de Friedrich Hayek : Argumente contre les politiques économiques socialistes et souligne l'importance de la liberté individuelle dans un système de marché libre.

Livres contre :

"L'Amérique que nous voulons"[74] de Paul Krugman : Argumente que le capitalisme perpétue l'inégalité et que l'intervention du gouvernement est nécessaire pour résoudre les problèmes économiques et sociaux.

"La Stratégie du choc"[75] de Naomi Klein : Argumente que le capitalisme est intrinsèquement exploiteur et que les politiques de libre marché sont souvent mises en œuvre par la violence et la coercition.

"Le Capital"[76] de Karl Marx : Un texte fondateur du socialisme qui critique la nature exploitante du capitalisme et propose un système économique alternatif.

---

[73] https://amzn.to/3lHHjER
[74] https://amzn.to/3xFn4ul
[75] https://amzn.to/3lOVAQg
[76] https://amzn.to/3SqxmYV

Livres pour et contre (indéterminé) :

"Economie du bien commun"[77] par Jean Tirole: offre une perspective de l'économie qui tient compte à la fois des principes du marché et de la responsabilité sociale.

"Le prix de l'inégalité"[78] par Joseph Stiglitz: Affirme que l'inégalité croissante dans les sociétés capitalistes est nuisible à la fois à l'économie et à la société dans son ensemble et propose des solutions politiques pour résoudre ce problème.

Films ou documentaires pour :

"The True Cost"[79] (2015) : Explore les impacts sociaux et environnementaux négatifs de la fast fashion et du consumérisme sous un système économique capitaliste.

"Inside Job"[80] (2010) : Un documentaire qui enquête sur les causes de la crise financière de 2008 et critique le manque de réglementation et de responsabilité dans le secteur financier sous le capitalisme.

---

[77] https://amzn.to/3k7xOhJ
[78] https://amzn.to/3YL9qBG
[79] https://amzn.to/3Km9OSY
[80] https://amzn.to/3IB13mI

"Inégalité pour Tous"[81] (2013) : Met en scène l'économiste Robert Reich qui discute des impacts négatifs de l'inégalité économique dans un système capitaliste.

Films ou documentaires contre :

"The Corporation"[82] (2003) : Critique le pouvoir et l'influence des entreprises dans un système capitaliste et soutient qu'elles privilégient les profits à la responsabilité sociale.

"The Take"[83] (2004) : Documente les efforts des travailleurs en Argentine pour reprendre et gérer leurs propres usines après qu'elles aient été fermées par les entreprises.

Films ou documentaires pour et contre (indéterminé) :

"The Big Short : Le Casse du siècle"[84] (2015) : Dépeint les événements qui ont conduit à la crise financière de 2008 et critique les excès et le manque de réglementation du secteur financier sous le capitalisme, mais montre aussi certains des avantages du marché pour promouvoir l'innovation et la concurrence.

---

[81] https://amzn.to/3EjqZRk
[82] https://amzn.to/3ZkiihJ
[83] https://amzn.to/3lLLGin
[84] https://amzn.to/3Ibn4H5

"The Social Dilemma"[85] (2020) : Examine les impacts négatifs des médias sociaux et des grandes technologies sur la société et critique les incitations à la rentabilité des entreprises capitalistes, mais reconnaît également le potentiel de la technologie en tant que force de changement positif.

---

[85] https://www.thesocialdilemma.com/fr/

Restrictions d'âge pour le vote et d'autres activités

"L'âge est une question d'esprit sur la matière. Si vous n'y pensez pas, ça n'a pas d'importance." - Mark Twain

Le débat est centré sur la question de savoir si certains droits et privilèges doivent être restreints en fonction de l'âge, ou si cela constitue une discrimination fondée sur l'âge qui limite injustement la liberté et la participation des individus à la société. La coalition soutient que les restrictions d'âge sont nécessaires pour protéger les populations vulnérables, garantir l'équité et la responsabilité, et promouvoir la stabilité et l'ordre social. En revanche, l'opposition estime que les restrictions d'âge sont une forme de discrimination qui limite la liberté et le choix individuels, sont appliquées de manière arbitraire et peuvent avoir des conséquences négatives involontaires. La question de savoir si les restrictions d'âge doivent être appliquées ou non est un problème complexe et nuancé qui soulève des questions importantes sur les droits individuels, la responsabilité sociale et le rôle du gouvernement dans la protection des populations vulnérables.

Discours de la Coalition :

Mesdames et Messieurs, nous nous prononçons aujourd'hui en faveur de la motion selon laquelle les restrictions d'âge pour le vote et d'autres activités sont nécessaires pour protéger les populations vulnérables, assurer l'équité et la responsabilité, et promouvoir la stabilité et l'ordre social.

Avant tout, nous pensons que les restrictions d'âge sont nécessaires pour protéger les jeunes et les personnes âgées contre le préjudice et l'exploitation. Les jeunes peuvent ne pas avoir l'expérience de la vie ou le jugement nécessaire pour prendre des décisions éclairées qui affectent leur sécurité et leur bien-être, d'où l'importance des restrictions d'âge pour des activités telles que le tabagisme, la consommation d'alcool et la conduite automobile. De même, les personnes âgées peuvent devenir vulnérables à l'exploitation financière ou émotionnelle, ce qui fait des restrictions d'âge une mesure nécessaire pour les protéger des escroqueries ou des abus.

En outre, nous pensons que les restrictions d'âge peuvent garantir l'équité et la responsabilité dans notre société. Par exemple, les restrictions d'âge peuvent garantir que les jeunes ne sont pas injustement désavantagés sur le marché du travail en étant obligés de concurrencer des travailleurs plus âgés, plus expérimentés et plus qualifiés. En outre, les restrictions d'âge peuvent contribuer à garantir que les individus sont suffisamment matures et responsables pour mener certaines activités telles que voter, servir dans l'armée ou posséder des armes à feu.

Enfin, les restrictions d'âge sont nécessaires pour promouvoir la stabilité sociale et l'ordre dans nos communautés. Les restrictions d'âge peuvent encourager les individus à s'engager et à s'investir davantage dans leur communauté en leur demandant de faire preuve d'un certain niveau de maturité et de compréhension de leurs devoirs civiques. En encourageant la responsabilité civique, les restrictions d'âge peuvent contribuer à maintenir l'ordre et l'harmonie sociale, en empêchant les individus d'adopter un comportement perturbateur ou nuisible qui pourrait menacer la stabilité et l'harmonie de la société.

Nous comprenons que les restrictions d'âge peuvent limiter la liberté et le choix individuels, mais nous pensons que la protection des populations vulnérables, la garantie de l'équité et de la responsabilité, et la promotion de la stabilité et de l'ordre social sont plus importantes que les libertés individuelles dans ces cas-là. Les restrictions d'âge peuvent garantir que chacun a une chance équitable et égale de participer à la société, et que nous sommes tous tenus aux mêmes normes de responsabilité et d'imputabilité.

En conclusion, nous vous invitons à soutenir la motion selon laquelle les restrictions d'âge pour le vote et d'autres activités sont nécessaires pour protéger les populations vulnérables, assurer l'équité et la responsabilité, et promouvoir la stabilité et l'ordre social. Merci.

Discours de l'Opposition :

Mesdames et Messieurs, nous nous opposons aujourd'hui à la motion selon laquelle des restrictions d'âge pour le vote et d'autres activités sont nécessaires. Bien que nous comprenions les préoccupations soulevées par la coalition, nous pensons que les restrictions d'âge sont une forme de discrimination qui limite injustement la liberté des individus et leur participation à la société.

Tout d'abord, les restrictions d'âge limitent la liberté et le choix individuels, qui est un droit fondamental qui devrait être protégé. Les restrictions d'âge empêchent les individus d'exercer leurs droits ou de poursuivre leurs objectifs, simplement parce qu'ils sont jugés trop jeunes ou trop vieux. Il s'agit d'une forme de discrimination qui est inacceptable dans une société libre et ouverte.

Deuxièmement, les restrictions d'âge sont arbitraires et appliquées de manière incohérente. Elles sont souvent fondées sur des hypothèses dépassées ou inexactes et peuvent ne pas tenir compte des circonstances ou des capacités uniques d'un individu. Cela peut conduire à un traitement injuste et discriminatoire des individus, ce qui est non seulement injuste mais aussi contre-productif par rapport aux objectifs de protection des populations vulnérables et de promotion de la stabilité et de l'ordre social.

Enfin, les restrictions d'âge peuvent avoir des conséquences négatives involontaires. Elles peuvent conduire à l'exclusion sociale et économique, limitant la capacité d'un individu à participer pleinement à la société ou à l'économie. En outre, les restrictions d'âge peuvent ne pas atteindre efficacement les objectifs visés, ou avoir des conséquences négatives involontaires qui l'emportent sur leurs avantages.

En conclusion, nous pensons que les restrictions d'âge pour le vote et d'autres activités sont inutiles et injustes. Elles limitent la liberté et le choix individuels, sont arbitraires et appliquées de manière incohérente, et peuvent avoir des conséquences négatives involontaires. Nous vous demandons instamment de voter contre cette motion et de vous joindre à nous pour soutenir une société libre et ouverte qui respecte les droits et les libertés de tous les individus, quel que soit leur âge. Merci.

Résumé des arguments

Arguments en faveur de la motion :

I. La nécessité de restrictions d'âge pour protéger les populations vulnérables
A. Protéger les jeunes contre le danger

- Les jeunes peuvent ne pas avoir l'expérience de la vie ou le jugement nécessaire pour prendre des décisions éclairées qui affectent leur sécurité et leur bien-être. Les restrictions d'âge peuvent donc les protéger d'activités nuisibles telles que le tabagisme, l'alcoolisme et la conduite à risque.

B. Protéger les personnes âgées de l'exploitation

- Les personnes âgées peuvent devenir vulnérables à l'exploitation financière ou émotionnelle, les restrictions d'âge peuvent donc les protéger des escroqueries ou des abus.

II. La nécessité des restrictions d'âge pour garantir l'équité et la responsabilité

A. Garantir une concurrence loyale sur le marché du travail

- Les restrictions d'âge peuvent garantir que les jeunes ne sont pas injustement désavantagés sur le marché du travail en étant contraints de concurrencer des travailleurs plus âgés, plus expérimentés et plus qualifiés.

B. Encourager la responsabilité et l'obligation de rendre des comptes

- Les restrictions d'âge peuvent contribuer à garantir que les individus sont suffisamment matures et responsables pour mener à bien certaines activités telles que voter, servir dans l'armée ou posséder des armes à feu.

III. La nécessité de restrictions d'âge pour promouvoir la stabilité et l'ordre social

A. Promouvoir la responsabilité civique

- Les restrictions d'âge peuvent encourager les individus à s'engager et à s'investir davantage dans leur communauté en leur demandant de faire preuve d'un certain niveau de maturité et de compréhension de leurs devoirs civiques.

B. Maintenir l'ordre et l'harmonie sociale

- Les restrictions d'âge peuvent contribuer à empêcher les individus d'adopter un comportement perturbateur ou nuisible qui pourrait menacer la stabilité et l'harmonie de la société.

Arguments contre la motion :

I. Les restrictions d'âge limitent la liberté et le choix individuels

A. La discrimination fondée sur l'âge porte atteinte aux droits fondamentaux

- Les restrictions liées à l'âge entraînent une discrimination injuste à l'encontre des individus sur la seule base de leur âge, ce qui constitue une violation de leurs droits et libertés fondamentaux.

B. Les restrictions d'âge peuvent ne pas refléter fidèlement les capacités d'un individu

- Les restrictions liées à l'âge peuvent ne pas prendre en compte les circonstances ou les capacités uniques d'une personne, l'empêchant ainsi d'exercer ses droits ou de poursuivre ses objectifs.

II. Les restrictions d'âge sont arbitraires et appliquées de manière incohérente

A. Les restrictions d'âge sont souvent fondées sur des hypothèses dépassées ou inexactes

- Les restrictions d'âge peuvent être fondées sur des stéréotypes ou des idées fausses concernant certains groupes d'âge, ce qui peut conduire à un traitement injuste et discriminatoire.

B. Les restrictions d'âge peuvent ne pas être appliquées ou mises en œuvre de manière cohérente.

- Les restrictions liées à l'âge peuvent être appliquées de manière sélective ou négligées, ce qui peut entraîner une incohérence et une confusion dans leur application.

III. Les restrictions d'âge peuvent avoir des conséquences négatives involontaires

A. Les restrictions d'âge peuvent conduire à l'exclusion sociale et économique

- Les restrictions d'âge peuvent limiter la capacité d'un individu à participer pleinement à la société ou à l'économie, ce qui peut conduire à l'exclusion sociale et économique.

B. Les restrictions d'âge peuvent ne pas atteindre efficacement les objectifs visés

- Les restrictions d'âge peuvent ne pas répondre efficacement aux problèmes sous-jacents qu'elles sont censées résoudre, ou peuvent avoir des conséquences négatives involontaires qui l'emportent sur leurs avantages.

Questions

Questions pièges pour la coalition (en faveur des restrictions d'âge) :

- Si les restrictions d'âge sont nécessaires pour protéger les populations vulnérables, pourquoi existe-t-il des restrictions d'âge pour des activités comme le vote, dont on pourrait dire qu'elles privent les plus vulnérables de notre société de leurs droits ?

- Comment tenez-vous compte du fait que tous les individus du même âge ne possèdent pas le même niveau de maturité ou de responsabilité, et que les restrictions fondées sur l'âge peuvent donc être arbitraires et injustes ?

- Si l'objectif des restrictions d'âge est de promouvoir la stabilité et l'ordre social, pourquoi ne pas prévoir des restrictions pour toutes les activités susceptibles de provoquer un désordre social, comme protester ou critiquer le gouvernement ?

- Si les jeunes sont trop inexpérimentés pour prendre des décisions éclairées, pourquoi leur permettons-nous de prendre des décisions qui changent la vie, comme s'engager dans l'armée ou se marier avec le consentement des parents à un jeune âge ?

- Si les restrictions d'âge sont nécessaires pour la protection des personnes âgées, pourquoi ne pas imposer des restrictions aux activités des personnes âgées qui pourraient potentiellement leur nuire ou nuire à d'autres, comme la conduite automobile ou la possession d'armes à feu ?

- Si des restrictions d'âge sont nécessaires pour des raisons d'équité et de responsabilité, pourquoi ne pas imposer des restrictions d'âge pour les activités des personnes âgées, telles que se présenter à un poste politique ou faire partie d'un jury, dont on pourrait dire qu'elles exigent certains niveaux de capacité physique et mentale ?

- Comment s'assurer que les restrictions d'âge ne perpétuent pas la discrimination fondée sur l'âge, notamment sur le lieu de travail où les travailleurs âgés peuvent être injustement ciblés par les restrictions fondées sur l'âge ?

- Comment tenez-vous compte du fait que certaines personnes peuvent être confrontées à des circonstances uniques qui les obligent à s'engager dans des activités ou à prendre des décisions qui sont généralement limitées par l'âge ?

- Comment vous assurez-vous que les restrictions d'âge n'empêchent pas les jeunes de s'engager dans des activités positives qui pourraient favoriser leur développement personnel et professionnel, comme le bénévolat ou les stages ?

- Si les restrictions liées à l'âge sont nécessaires à la stabilité et à l'ordre social, pourquoi autorisons-nous les individus de tous âges à s'engager dans des activités politiques susceptibles de provoquer des troubles sociaux, comme les manifestations ou les campagnes en faveur de candidats politiques ?

Questions pièges pour l'opposition (contre les restrictions d'âge) :

1. Si les restrictions d'âge sont discriminatoires, pourquoi avons-nous des restrictions d'âge pour des activités telles que la consommation d'alcool et de tabac, qui ont été liées à des résultats négatifs pour la santé ?

2. Si la liberté et le choix individuels sont primordiaux, pourquoi avons-nous des lois qui empêchent les individus de s'engager dans certaines activités, telles que l'excès de vitesse ou le passage à vide, qui pourraient les mettre en danger ou mettre d'autres personnes en danger ?

3. Si les restrictions d'âge sont inutiles, pourquoi avons-nous des définitions légales basées sur l'âge pour des crimes tels que le détournement de mineur, qui exigent qu'un certain seuil d'âge soit atteint pour que le crime soit commis ?

4. Si les restrictions d'âge sont inutiles, pourquoi avons-nous des conditions d'éligibilité basées sur l'âge pour les programmes gouvernementaux tels que la sécurité sociale ou Medicare ?

5. Comment vous assurez-vous que les restrictions d'âge n'avantagent pas injustement certaines personnes par rapport à d'autres, comme les jeunes

travailleurs qui peuvent être victimes de discrimination sur le marché du travail en raison de la concurrence avec des travailleurs plus expérimentés ?

6. Si les restrictions d'âge sont inutiles, comment tenez-vous compte du fait que certaines activités peuvent exiger un certain niveau de maturité ou de responsabilité que tous les individus ne possèdent pas, comme le vote ou la possession d'une arme à feu ?

7. Comment tenez-vous compte du fait que certaines activités peuvent avoir des conséquences négatives pour les personnes qui ne sont pas assez matures ou responsables pour les gérer, comme s'engager dans l'armée ou se marier à un jeune âge ?

8. Comment vous assurez-vous que les restrictions d'âge n'empêchent pas les populations vulnérables, telles que les jeunes ou les personnes âgées, d'être protégées contre le danger ou l'exploitation ?

9. Comment vous assurez-vous que les restrictions d'âge ne conduisent pas à l'exclusion sociale et économique, en particulier pour les individus plus jeunes qui peuvent ne pas avoir accès à certaines activités ou opportunités qui pourraient contribuer à leur développement personnel et professionnel ?

10. Si les restrictions d'âge sont inutiles, comment s'assurer que les personnes qui ne sont pas encore assez matures ou responsables pour s'occuper de certaines activités, comme conduire ou voter, ne se

mettent pas en danger ou ne mettent pas en danger les autres, ou ne prennent pas des décisions non informées qui pourraient avoir un impact négatif sur la société ?

Solutions potentielles

- Mettre en place un système de restrictions par tranches d'âge qui tienne compte des différents niveaux de maturité et de responsabilité des individus. Par exemple, au lieu d'une approche unique des restrictions d'âge, il pourrait y avoir différents seuils d'âge pour différentes activités, l'âge auquel un individu peut s'engager dans une activité particulière dépendant de son niveau de maturité et de responsabilité.

- Fournir des méthodes alternatives aux individus qui n'ont pas encore l'âge requis pour s'engager dans certaines activités afin d'acquérir de l'expérience et de prouver leur maturité et leur responsabilité. Par exemple, les personnes qui n'ont pas encore l'âge de voter pourraient être autorisées à participer à des élections fictives ou à d'autres activités d'engagement civique pour acquérir de l'expérience et démontrer leur compréhension des enjeux et du processus de vote.

- Accroître les efforts d'éducation et de sensibilisation pour aider les individus à comprendre les risques et les responsabilités associés à certaines activités. Il pourrait s'agir de fournir une éducation plus complète sur des sujets tels que la gestion financière, la consommation responsable d'alcool et les pratiques sexuelles sans risque, afin d'aider les individus à prendre des décisions éclairées et à éviter les conséquences négatives.

- Fournir davantage de soutien et de ressources aux personnes susceptibles d'être affectées par les restrictions fondées sur l'âge, comme les jeunes qui ne parviennent pas à trouver un emploi en raison de la discrimination fondée sur l'âge ou les personnes âgées qui peuvent être injustement visées par des restrictions fondées sur l'âge sur le lieu de travail.

- Réexaminer le raisonnement qui sous-tend les restrictions fondées sur l'âge existantes afin de s'assurer qu'elles sont fondées sur des preuves solides et qu'elles ne perpétuent pas la discrimination ou les stéréotypes liés à l'âge. Cela pourrait inclure des révisions régulières des lois et politiques existantes pour s'assurer qu'elles sont toujours pertinentes et efficaces pour atteindre les objectifs visés.

- Créer davantage d'opportunités de collaboration intergénérationnelle et de mentorat pour aider les individus d'âges différents à apprendre les uns des autres et à se soutenir mutuellement. Il pourrait s'agir de programmes qui mettent en relation des jeunes avec des mentors plus âgés dans leur domaine d'intérêt, ou d'initiatives qui encouragent les personnes âgées à partager leurs connaissances et leur expérience avec les jeunes générations.

Encourager un dialogue et une compréhension accrus entre les individus d'âges différents afin de promouvoir une société plus inclusive et équitable. Il peut s'agir d'initiatives qui rassemblent des personnes d'âges différents pour discuter de questions et de préoccupations communes, ou de programmes qui facilitent la communication et la collaboration entre les générations.

Ressources recommandées

Livres en faveur :

"The Age of Opportunity : Lessons from the New Science of Adolescence"[86] de Laurence Steinberg explore les dernières recherches sur le développement du cerveau des adolescents et plaide pour des politiques qui tiennent compte de ces connaissances lors de l'établissement de restrictions liées à l'âge.

---

[86] https://amzn.to/3Z2XsmF

"Democracy from Scratch: Opposition and Regime in the New Russian Revolution"[87] de M. Steven Fish examine le rôle des jeunes dans les révolutions politiques et soutient que la participation politique des jeunes est cruciale pour le succès des mouvements démocratiques, ce qui suggère que limiter la participation des jeunes par des restrictions liées à l'âge pourrait potentiellement saper la démocratie.

Livres contre :

"This Chair Rocks: A Manifesto Against Ageism"[88] par Ashton Applewhite. Ce livre s'oppose à la discrimination fondée sur l'âge et plaide pour une collaboration et une compréhension intergénérationnelles.

"Ageism : Stereotyping and Prejudice against Older Persons"[89] de Todd D. Nelson fournit un examen critique de la manière dont l'âgisme perpétue la discrimination et les préjugés à l'égard des personnes âgées.

Livres pour et contre :

"Age Matters : Realigning Feminist Thinking"[90] édité par Toni M. Calasanti et Kathleen F. Slevin présente un éventail

---

[87] https://amzn.to/3xSbSL3
[88] https://amzn.to/3xyB2xX
[89] https://amzn.to/3IeRAjy
[90] https://amzn.to/3xBc7tu

de perspectives sur l'âge et l'âgisme au sein de la théorie et de la pratique féministes.

"Ageism : Negative and Positive"[91] par Erdman Palmore explore les aspects négatifs et positifs de l'âgisme, y compris le rôle des stéréotypes et des préjugés dans la discrimination fondée sur l'âge.

Films ou documentaires en faveur :

"Won't You Be My Neighbor?"[92] est un documentaire sur Fred Rogers, créateur et animateur de l'émission télévisée pour enfants "Mr. Rogers' Neighborhood", et sur son engagement à éduquer et à responsabiliser les jeunes.

"RBG"[93] est un documentaire sur la juge de la Cour suprême Ruth Bader Ginsburg et son engagement de toute une vie pour faire avancer l'égalité et la justice pour tous, indépendamment de l'âge, du sexe ou d'autres facteurs.

Films ou documentaires contre :

"Aging Out"[94] est un documentaire sur les défis auxquels sont confrontés les jeunes qui sortent du système de

[91] https://amzn.to/3El4pHU
[92] https://amzn.to/3EgMJ01
[93] https://amzn.to/3KlFGqG
[94] https://amzn.to/3YJGNVB

placement familial, notamment les possibilités limitées d'éducation, d'emploi et de vie indépendante.

"Le Nouveau stagiaire"[95] est un film comique qui dresse le portrait d'un retraité de 70 ans qui devient un stagiaire senior dans une startup de la mode, perpétuant les stéréotypes âgistes sur les travailleurs âgés comme étant ineptes en matière de technologie et déconnectés de la réalité.

Films ou documentaires pour et contre :

"The Florida Project"[96] est un film qui explore la vie des enfants vivant dans la pauvreté et les défis auxquels sont confrontés leurs parents, notamment les possibilités limitées d'éducation et d'emploi.

"Age of Champions"[97] est un documentaire sur un groupe d'athlètes âgés de 60 à 100 ans qui participent aux National Senior Olympics, remettant en question les stéréotypes sur le vieillissement et soulignant le potentiel de bien-être physique et mental tout au long de la vie.

---

[95] https://amzn.to/3ICayCa
[96] https://amzn.to/3Z02G2G
[97] https://amzn.to/3EjGXe8

Collège électoral

"La démocratie n'est pas seulement le droit de vote, c'est le droit de vivre dans la dignité" - Naomi Kleinc

Le collège électoral est un système utilisé aux États-Unis pour élire le président. Les partisans de ce système soutiennent qu'il préserve le fédéralisme, favorise la stabilité politique et préserve les intentions des Pères fondateurs. Les partisans pensent également qu'il garantit que chaque État a une voix dans l'élection, et pas seulement les centres de population majoritaires. Toutefois, les opposants affirment que le collège électoral prive les électeurs de leur droit de vote, amplifie le pouvoir des États influents et fait obstacle aux normes démocratiques. Ils estiment qu'il ne représente pas la volonté du peuple et devrait être aboli au profit d'un vote populaire.

Discours de la Coalition :

Mesdames et Messieurs,

Aujourd'hui, nous sommes ici pour plaider en faveur du Collège électoral, et nous pensons que les avantages du Collège électoral dépassent de loin les inconvénients.

Commençons par discuter de notre premier point : la préservation du fédéralisme.

Le système du collège électoral garantit que chaque État a une voix dans l'élection, et pas seulement les centres de population majoritaires. Il encourage les candidats à la présidence à faire campagne dans les petits États et les zones rurales, plutôt que de se concentrer uniquement sur les centres urbains. Cela permet aux candidats d'avoir une large perspective sur les problèmes auxquels le pays est confronté et donne aux électeurs de chaque État la possibilité de faire entendre leur voix.

Notre deuxième point est la promotion de la stabilité politique. Le Collège électoral exige qu'un candidat remporte la majorité des votes des grands électeurs, et pas seulement une pluralité du vote populaire. Cela permet d'éviter une crise potentielle de légitimité et garantit que le vainqueur bénéficie d'un large soutien dans tout le pays, et pas seulement dans quelques régions très peuplées. Ceci est crucial pour maintenir une démocratie stable et prévenir la polarisation.

Enfin, nous soutenons que le collège électoral préserve les intentions des fondateurs. Les Pères fondateurs ont établi le collège électoral comme un compromis entre l'élection du président par le Congrès et l'élection par vote populaire. Ils pensaient que l'élection populaire directe pouvait conduire à l'élection d'un démagogue, ce que le Collège électoral est censé empêcher. En outre, le collège électoral a également été créé pour permettre aux petits États d'avoir leur mot à dire dans les élections présidentielles et empêcher les candidats de les ignorer.

En conclusion, nous pensons que le collège électoral est une composante essentielle de notre démocratie et que nous ne devons pas l'abandonner. Il garantit que chaque État a son mot à dire dans l'élection, favorise la stabilité politique et préserve les intentions des Pères fondateurs. Bien que le système ne soit pas parfait, il nous a bien servi pendant plus de deux siècles et devrait être maintenu afin de préserver la stabilité et l'intégrité de notre démocratie. Merci.

Discours de l'Opposition :

Mesdames et Messieurs,

Nous sommes ici aujourd'hui pour argumenter contre le Collège électoral et vous inciter à voter en faveur de son abolition. Notre premier point est que le Collège électoral prive les électeurs de leurs droits. Ce système peut permettre à un candidat de remporter la présidence bien qu'il ait perdu le vote populaire, ce qui sape le principe "une personne, une voix". Cette situation est non seulement injuste pour les électeurs qui ont soutenu le candidat perdant, mais elle donne également l'impression que leur vote ne compte pas. Ceci, à son tour, décourage la participation des électeurs dans les États qui sont considérés comme sûrs pour un candidat ou l'autre.

Notre deuxième point est que le collège électoral amplifie le pouvoir des "swing states". Les candidats passent la majeure partie de leur temps et de leurs ressources à faire campagne dans quelques États clés, tout en ignorant largement le reste du pays. Ce système donne une influence indue à un petit nombre d'électeurs, tout en marginalisant les préoccupations des électeurs des autres États. Ce n'est pas une représentation équitable de la volonté du peuple, et cela crée un système où les opinions et les préoccupations de certains électeurs ont plus de poids que d'autres.

Enfin, nous soutenons que le collège électoral fait obstacle aux normes démocratiques. Le système peut aboutir à l'élection d'un président sans avoir obtenu la majorité des voix, ce qui sape le principe démocratique de la règle de la majorité. Il crée également la possibilité d'avoir des "électeurs infidèles", qui peuvent voter pour une personne autre que le candidat qu'ils se sont engagés à soutenir. Ce n'est pas un système démocratique, et il laisse trop de pouvoir entre les mains de quelques individus, plutôt qu'entre celles des électeurs.

En conclusion, nous pensons que le Collège électoral est un système défectueux qui ne représente pas la volonté du peuple. Il prive les électeurs de leur droit de vote, amplifie le pouvoir des États influents et entrave les normes démocratiques. Nous vous demandons instamment de voter en faveur de l'abolition du Collège électoral et de la mise en place d'un système qui représente réellement la volonté du peuple. Nous vous remercions.

Résumé des arguments

Arguments en faveur du collège électoral :

I. Préservation du fédéralisme

- Le système du collège électoral garantit que les États, et pas seulement les centres de population majoritaires, ont une voix dans l'élection.
- Il encourage les candidats à la présidence à faire campagne dans les petits États et les zones rurales, plutôt que de se concentrer uniquement sur les centres urbains.

II. Promouvoir la stabilité politique

- Le collège électoral exige d'un candidat qu'il remporte la majorité des voix des grands électeurs, et pas seulement une pluralité du vote populaire, ce qui contribue à prévenir une éventuelle crise de légitimité.
- Il garantit également que le vainqueur bénéficie d'un large soutien dans tout le pays, et pas seulement dans quelques zones fortement peuplées.

III. Préserver les intentions des fondateurs

- Le collège électoral a été établi par les Pères fondateurs comme un compromis entre l'élection du président par le Congrès et l'élection par le vote populaire.
- Les Fondateurs pensaient que l'élection populaire directe pouvait conduire à l'élection d'un démagogue, ce que le Collège électoral est censé empêcher.

Arguments contre le collège électoral :

I. Privation du droit de vote des électeurs

- Le collège électoral peut permettre à un candidat de remporter la présidence bien qu'il ait perdu le vote populaire, ce qui va à l'encontre du principe "une personne, une voix".
- Il décourage également la participation des électeurs dans les États qui sont considérés comme sûrs pour un candidat ou l'autre.

II. Amplifier le pouvoir des Swing States

- Les candidats consacrent la majeure partie de leur temps et de leurs ressources à faire campagne dans quelques "swing states", tout en ignorant largement le reste du pays.

- Ce système donne une influence indue à un petit nombre d'électeurs, tout en marginalisant les préoccupations des électeurs des autres États.

III. Entrave aux normes démocratiques

- Le collège électoral peut aboutir à l'élection d'un président sans avoir obtenu la majorité des voix, ce qui porte atteinte au principe démocratique de la règle de la majorité.
- Il crée également la possibilité d'avoir des "électeurs infidèles", qui peuvent voter pour une personne autre que le candidat qu'ils se sont engagés à soutenir.

Questions

10 questions délicates pour la coalition en faveur du collège électoral :

1. Est-il juste qu'un candidat puisse devenir président sans remporter la majorité des voix ?
2. Si le collège électoral favorise la stabilité politique, pourquoi a-t-il permis à cinq présidents d'être élus sans avoir remporté le vote populaire ?
3. Est-il démocratique d'accorder plus de poids aux électeurs des petits États qu'à ceux des États plus peuplés ?

4. Si le collège électoral est censé empêcher les démagogues d'être élus, comment expliquez-vous l'élection de Donald Trump ?

5. Est-il raisonnable d'autoriser un système qui repose sur un petit nombre d'États décisifs pour déterminer le résultat de l'élection ?

6. Comment le collège électoral peut-il être un système équitable alors qu'il a historiquement marginalisé certains groupes, comme les Afro-Américains et les femmes ?

7. Si le collège électoral garantit que chaque État a une voix, pourquoi les candidats se concentrent-ils principalement sur les "swing states" et ignorent-ils le reste du pays ?

8. Seriez-vous toujours en faveur du collège électoral s'il permettait à un candidat de remporter la présidence alors qu'il a perdu le vote populaire par une marge importante ?

9. Comment le collège électoral peut-il être un système équitable alors qu'il avantage de manière disproportionnée un parti politique par rapport à l'autre ?

10. Si le collège électoral est si important pour préserver les intentions des Pères fondateurs, pourquoi ceux-ci se sont-ils également prononcés en faveur de son abolition par le passé ?

10 questions délicates pour l'opposition au collège électoral :

1. Si le vote populaire est le moyen le plus équitable d'élire le président, alors pourquoi ne pas abolir le Sénat, qui donne également une représentation disproportionnée aux États moins peuplés ?
2. Si le collège électoral est antidémocratique, comment expliquez-vous qu'il ait été utilisé pour élire 45 présidents et qu'il n'ait pas été aboli depuis plus de 200 ans ?
3. Si le vote populaire est le moyen le plus équitable d'élire le président, alors pourquoi ne pas éliminer le système des primaires, qui donne également une influence indue à certains électeurs et États ?
4. Si le collège électoral prive les électeurs de leur droit de vote, comment expliquez-vous qu'il augmente le taux de participation dans les États clés ?
5. Si le vote populaire est le moyen le plus équitable d'élire le président, pourquoi ne pas exiger des candidats qu'ils obtiennent un certain pourcentage des voix pour empêcher l'élection de candidats issus de minorités ?
6. Si le collège électoral est antidémocratique, comment expliquez-vous qu'il ait été conçu pour empêcher la démocratie directe et garantir une forme républicaine de gouvernement ?
7. Si le vote populaire est le moyen le plus équitable d'élire le président, alors pourquoi ne pas éliminer le

rôle de l'argent dans les élections, qui prive également de nombreux électeurs de leurs droits ?

8. Si le collège électoral est antidémocratique, comment expliquez-vous qu'il ait été soutenu par certains des Pères fondateurs les plus éminents, dont Alexander Hamilton et James Madison ?

9. Si le vote populaire est le moyen le plus équitable d'élire le président, comment expliquez-vous qu'il donne un avantage indu aux centres urbains très peuplés par rapport aux zones rurales ?

10. Si le collège électoral est antidémocratique, comment proposez-vous de maintenir l'équilibre des pouvoirs entre les États et le gouvernement fédéral ?

Solutions potentielles

Le National Popular Vote Interstate Compact : Il s'agit d'un plan qui a été proposé par certains États pour contourner le Collège électoral en attribuant leurs votes électoraux au gagnant du vote populaire national, plutôt qu'au gagnant du vote populaire de leur État. Cela créerait effectivement un vote populaire national tout en préservant le système basé sur les États.

Le vote par ordre de préférence : Il s'agit d'un système dans lequel les électeurs classent les candidats par ordre de préférence, plutôt que de voter pour un seul candidat. Si aucun candidat ne reçoit la majorité des voix, le candidat ayant reçu le moins de voix est éliminé et ses voix sont transférées aux candidats restants jusqu'à ce qu'un candidat obtienne la majorité. Ce système permettrait d'obtenir un résultat plus représentatif et de réduire l'influence des candidats tiers.

Attribution proportionnelle des électeurs : Actuellement, la plupart des États attribuent tous leurs électeurs au candidat qui remporte le plus de voix dans cet État. Au lieu de cela, les électeurs pourraient être attribués proportionnellement en fonction du pourcentage du vote populaire que chaque candidat reçoit dans cet État. Cela donnerait aux petits partis et aux candidats indépendants une chance de recevoir des votes électoraux et rendrait le système plus représentatif.

Augmenter la taille de la Chambre des représentants : Le nombre de grands électeurs que chaque État reçoit est basé sur sa représentation au Congrès, qui est déterminée par le nombre de sièges à la Chambre des représentants. En augmentant la taille de la Chambre des représentants, le Collège électoral deviendrait plus représentatif de la population et l'influence des petits États serait préservée.

Réformes du système des primaires : Le système des primaires donne actuellement une influence indue à certains États et électeurs, et a abouti à la nomination de candidats qui ne sont pas représentatifs de l'ensemble de l'électorat. Des réformes du système des primaires pourraient garantir que tous les électeurs ont une voix égale dans la sélection des candidats, et que les candidats qui se rendent à l'élection générale sont plus représentatifs du pays dans son ensemble.

Ressources recommandées

Livres pour :

"Enlightened Democracy: The Case for the Electoral College"[98] par Tara Ross - Ce livre soutient que le collège électoral permet de protéger les intérêts des petits États et garantit un résultat plus représentatif.

"Le fédéraliste"[99] par Alexander Hamilton, James Madison et John Jay - Bien qu'ils ne soient pas uniquement axés sur le collège électoral, les Federalist Papers (un recueil d'essais) examinent le raisonnement qui sous-tend le système du collège électoral et la manière dont il s'inscrit dans le cadre plus large de la Constitution américaine.

Livres contre :

"Let the People Pick the President : The Case for Abolishing the Electoral College"[100] par Jesse Wegman - Ce livre soutient que le collège électoral est antidémocratique et

---

[98] https://amzn.to/3lNJjeQ
[99] https://amzn.to/3xxmcYm
[100] https://amzn.to/416EvkQ

dépassé et qu'il devrait être remplacé par un vote populaire national.

"The Electoral College : How It Works in Contemporary Presidential Elections"[101] par Thomas H. Neale - Ce livre critique le collège électoral pour son manque d'équité et de transparence.

Livres pour et contre (indéterminé) :

"Why Do We Still Have the Electoral College"[102], publié par Alexander Keyssar - Ce livre présente des essais des deux côtés du débat, explorant l'histoire, la fonction et les réformes potentielles du collège électoral.

Films ou documentaires pour :

"Electoral Dysfunction"[103] (2012) - Ce documentaire explore les failles et les controverses du système électoral américain, notamment le collège électoral, et propose des solutions potentielles.

"12th and Delaware"[104] (2010) - Ce documentaire examine de près l'intersection entre le mouvement anti-avortement

---

[101] https://amzn.to/3S8ouqx
[102] https://amzn.to/3IzY7qc
[103] https://amzn.to/3k6YeAn
[104] https://amzn.to/3YFX9yh

et la politique aux États-Unis, notamment le rôle du collège électoral dans la détermination de la présidence.

Films ou documentaires contre :

"Kill Chain : The Cyber War on America's Elections"[105] (2020) - Ce documentaire étudie les vulnérabilités du système électoral américain, notamment l'influence potentielle des interférences étrangères sur le collège électoral.

"Unprecedented: The 2000 Presidential Election"[106] (2002) - Ce documentaire revient sur l'élection présidentielle américaine contestée de 2000, notamment sur le rôle du collège électoral dans le résultat controversé.

Films ou documentaires pour et contre (indéterminé) :

"Barack Obama, une élection historique"[107] (2009) - Ce documentaire suit la campagne présidentielle de 2008 de Barack Obama, y compris le rôle du collège électoral dans la détermination du résultat.

"The War Room"[108] (1993) - Ce documentaire suit la campagne présidentielle de Bill Clinton en 1992,

---

[105] https://amzn.to/3IyUqRG
[106] https://amzn.to/3Z2YT4x
[107] https://amzn.to/3KrYPXQ
[108] https://amzn.to/3xyKBNj

notamment le rôle du collège électoral dans l'élection. Bien qu'il ne soit pas explicitement pour ou contre le collège électoral, il offre un regard fascinant sur les coulisses des campagnes présidentielles.

Le recours à la force militaire et l'intervention dans les affaires étrangères

"Ceux qui ne peuvent pas apprendre de l'histoire sont condamnés à la répéter." - George Santayana

Le thème débattu est de savoir si le recours à la force militaire et à l'intervention dans les affaires étrangères est ou non une approche nécessaire et efficace pour promouvoir la démocratie et les droits de l'homme tout en protégeant la sécurité nationale et les populations vulnérables. La coalition soutient qu'il est nécessaire de protéger la sécurité nationale, de promouvoir la démocratie et les droits de l'homme, et de remplir notre responsabilité de protéger les populations vulnérables. L'opposition, cependant, fait valoir que la force militaire peut être inefficace, porter atteinte à la souveraineté et avoir des conséquences imprévues, et que d'autres approches devraient être envisagées.

Discours de la Coalition :

Mesdames et Messieurs,

Nous sommes ici aujourd'hui pour discuter d'une motion critique : "Cette maison soutient l'utilisation de la force militaire et l'intervention dans les affaires étrangères". Nous pensons que cela est nécessaire pour la sécurité nationale, pour promouvoir la démocratie et les droits de l'homme, et pour remplir notre responsabilité de protéger les populations vulnérables.

Tout d'abord, nous devons reconnaître l'importance de la sécurité nationale. Nous vivons dans un monde où des menaces extérieures peuvent représenter un grave danger pour notre pays. Le recours à la force militaire et à l'intervention est nécessaire pour prévenir les attaques terroristes et protéger nos citoyens des menaces extérieures. Il est de notre devoir de faire tout ce qui est en notre pouvoir pour assurer la sécurité de notre peuple, et le recours à la force militaire est un outil essentiel pour atteindre cet objectif.

Deuxièmement, nous devons considérer la promotion de la démocratie et des droits de l'homme. Le recours à l'intervention militaire peut contribuer à promouvoir ces valeurs dans les pays où elles sont opprimées. Elle envoie au monde le message que la promotion de la démocratie et des droits de l'homme est une priorité pour nous. Nous devons défendre ce en quoi nous croyons et aider ceux qui ne peuvent pas s'aider eux-mêmes.

Enfin, nous devons nous rappeler notre responsabilité de protéger les populations vulnérables. Le recours à la force militaire est parfois nécessaire pour protéger les civils. Il incombe à la communauté internationale d'intervenir dans les cas d'atrocités de masse, et nous devons assumer cette responsabilité pour éviter la perte de vies innocentes.

Nous comprenons que l'opposition puisse faire valoir que la force militaire peut être inefficace, porter atteinte à la souveraineté et avoir des conséquences involontaires. Cependant, nous devons nous rappeler que ce sont des risques qui valent la peine d'être pris lorsque nous nous battons pour quelque chose d'aussi fondamental que la sécurité et les droits de nos citoyens et des personnes dans le besoin.

En conclusion, nous devons nous rappeler que l'utilisation de la force militaire et l'intervention dans les affaires étrangères sont nécessaires pour protéger la sécurité nationale, promouvoir la démocratie et les droits de l'homme, et remplir notre responsabilité de protéger les populations vulnérables. Nous croyons que nous devons prendre position et faire ce qui est nécessaire pour atteindre ces objectifs, et nous vous invitons à voter en faveur de cette motion. Merci.

Discours de l'Opposition :

Mesdames et Messieurs,

Nous sommes réunis ici aujourd'hui pour discuter d'une motion critique : "Cette maison soutient l'utilisation de la force militaire et l'intervention dans les affaires étrangères." Nous sommes fermement convaincus que cette approche n'est pas la bonne et qu'elle peut avoir des conséquences négatives pour les pays concernés.

Tout d'abord, l'utilisation de la force militaire peut souvent être inefficace pour atteindre ses objectifs. Il peut conduire à un conflit prolongé et à une augmentation des pertes humaines, sans nécessairement résoudre les problèmes sous-jacents. Il est important de prendre en compte les conséquences à long terme de nos actions, et le recours à la force militaire peut souvent conduire à davantage d'instabilité et de conflits.

Deuxièmement, le recours à l'intervention militaire viole la souveraineté d'autres pays et porte atteinte à leur autonomie. Elle crée un dangereux précédent pour les pays puissants qui ne respectent pas l'État de droit et les normes internationales, et peut être perçue comme une forme d'agression par les pays que nous essayons d'aider.

Enfin, le recours à l'intervention militaire peut avoir des conséquences inattendues et déstabiliser des régions, entraînant de nouveaux conflits et des souffrances humaines. Elle peut également nuire à la réputation et aux relations du pays qui mène l'intervention. Nous devons nous rappeler qu'il existe toujours des alternatives à la force militaire, et nous devons épuiser toutes les options diplomatiques et pacifiques avant d'envisager une intervention militaire.

Nous comprenons que la coalition puisse faire valoir que la force militaire est nécessaire à la sécurité nationale, à la promotion de la démocratie et des droits de l'homme, et à l'accomplissement de notre responsabilité de protéger les populations vulnérables. Cependant, nous devons nous rappeler qu'il existe d'autres moyens d'atteindre ces objectifs sans recourir à l'intervention militaire.

En conclusion, nous pensons que l'utilisation de la force militaire et l'intervention dans les affaires étrangères ne sont pas la bonne approche. Elle peut s'avérer inefficace, violer la souveraineté d'autres pays et avoir des conséquences involontaires qui peuvent conduire à davantage d'instabilité et de conflits. Nous vous demandons instamment de considérer les alternatives et de voter contre cette motion. Merci.

Résumé des arguments

Coalition (En faveur de la motion) :

I. La sécurité nationale

- Le recours à la force militaire et l'intervention dans les affaires étrangères sont nécessaires à la sécurité nationale.
- Il permet de prévenir les attaques terroristes et de protéger le pays contre les menaces extérieures.

II. Promotion de la démocratie et des droits de l'homme

- L'intervention militaire peut aider à promouvoir la démocratie et les droits de l'homme dans les pays où ils sont opprimés.
- Elle envoie au monde entier le message que la promotion de ces valeurs est une priorité.

III. La responsabilité de protéger

- Le recours à la force militaire est parfois nécessaire pour protéger des populations vulnérables.
- Il est de la responsabilité de la communauté internationale d'intervenir dans les cas d'atrocités de masse.

Opposition (Contre la motion) :

I. Inefficacité de la force militaire

- L'utilisation de la force militaire est souvent inefficace pour atteindre ses objectifs.
- Il peut conduire à un conflit prolongé et à une augmentation des pertes humaines, sans nécessairement résoudre les problèmes sous-jacents.

II. Violation de la souveraineté

- L'intervention militaire viole la souveraineté d'autres pays et porte atteinte à leur autonomie.
- Elle crée un dangereux précédent permettant aux pays puissants de ne pas respecter l'État de droit et les normes internationales.

III. Conséquences involontaires

- L'intervention militaire peut avoir des conséquences imprévues et déstabiliser des régions, entraînant de nouveaux conflits et des souffrances humaines.
- Elle peut également nuire à la réputation et aux relations du pays qui mène l'intervention.

Questions

Pour la Coalition :

1. Comment pouvez-vous garantir que l'intervention militaire n'exacerbera pas le conflit et ne conduira pas à une plus grande instabilité ?

2. Comment pouvez-vous garantir que l'intervention militaire n'entraînera pas de pertes civiles et de violations des droits de l'homme ?

3. Pouvez-vous fournir un exemple d'intervention militaire réussie qui a atteint ses objectifs sans conséquences involontaires ?

4. Comment déterminez-vous les pays qui devraient faire l'objet d'une intervention militaire et ceux qui ne le devraient pas ?

5. Quel est le plan de stabilisation et de construction de la nation après l'intervention ?

6. Comment pouvez-vous justifier la violation de la souveraineté d'autres pays pour imposer des valeurs démocratiques ?

7. Comment pouvez-vous garantir que l'intervention militaire n'entraînera pas la propagation d'idéologies extrémistes et n'alimentera pas davantage le terrorisme ?

8. Comment pouvez-vous vous assurer que l'intervention militaire ne conduira pas à une course aux armements et à l'instabilité dans la région ?

9. Comment pouvez-vous équilibrer l'utilisation de la force militaire avec la diplomatie et les moyens pacifiques de résolution des conflits ?

10. Comment pouvez-vous vous assurer que le public appuie le recours à la force militaire et à l'intervention, compte tenu du coût potentiel et des pertes de vie ?

Pour l'opposition :

1. Pouvez-vous proposer une solution alternative pour protéger les populations vulnérables en cas d'atrocités de masse et de violations des droits de l'homme ?

2. Comment pouvez-vous garantir que la diplomatie et les moyens pacifiques de résolution des conflits seront efficaces pour prévenir les menaces extérieures à la sécurité nationale ?

3. Pouvez-vous fournir un exemple d'intervention diplomatique réussie qui a atteint ses objectifs sans conséquences involontaires ?

4. Comment pouvez-vous justifier l'inaction dans les cas où des violations des droits de l'homme sont commises et où les solutions diplomatiques ont échoué ?

5. Comment pouvez-vous garantir qu'une intervention militaire n'est jamais justifiée dans des cas extrêmes tels que le génocide et le nettoyage ethnique ?

6. Comment trouver un équilibre entre le principe de souveraineté et la responsabilité de protéger les populations vulnérables ?
7. Comment faire en sorte que l'inaction en cas de violation des droits de l'homme ne conduise pas à davantage d'instabilité et de conflits ?
8. Comment pouvez-vous garantir qu'une intervention militaire n'est pas nécessaire dans les cas où la diplomatie et les moyens pacifiques ont échoué ?
9. Comment abordez-vous la question de la gouvernance mondiale et de la responsabilité de la communauté internationale d'intervenir en cas d'atrocités de masse ?
10. Comment pouvez-vous faire en sorte que le public soutienne une politique d'inaction et de non-intervention en cas de violations des droits de l'homme et de menaces extérieures ?

Solutions potentielles

- Promouvoir la diplomatie et les moyens pacifiques de résolution des conflits comme première ligne d'action avant d'envisager une intervention militaire.
- Établir des normes et des lignes directrices internationales plus strictes pour les interventions militaires, par exemple en demandant un mandat aux Nations Unies ou à des organisations régionales.
- S'assurer que l'intervention militaire est menée avec des objectifs clairs, une stratégie de sortie bien

définie et un plan de stabilisation et de reconstruction post-conflit.

- Utiliser des sanctions économiques et diplomatiques comme alternative à l'intervention militaire pour faire pression sur les régimes autoritaires afin qu'ils respectent les droits de l'homme et les valeurs démocratiques.

- Se concentrer sur la promotion du développement à long terme et du renforcement des capacités dans les pays vulnérables afin de réduire la probabilité de conflit et d'instabilité.

- S'engager avec les organisations de la société civile, les communautés locales et d'autres parties prenantes pour promouvoir une prise de décision plus inclusive et participative dans le processus d'intervention.

- Promouvoir des programmes d'éducation et de sensibilisation pour réduire la probabilité de conflits et promouvoir les valeurs de paix et de tolérance.

- Utiliser des interventions ciblées, telles que les opérations de maintien de la paix ou l'aide humanitaire, pour résoudre des problèmes spécifiques sans recourir à une intervention militaire plus large.

- Encourager le dialogue et l'engagement entre les pays ayant des systèmes politiques différents afin de promouvoir la compréhension mutuelle et le respect des différentes valeurs.

- Utiliser le droit international et les mécanismes judiciaires pour tenir les individus et les États responsables des violations des droits de l'homme et d'autres formes de crimes internationaux.

Ressources recommandées

Livres en faveur de l'intervention militaire :

"The Case for Goliath : How America Acts as the World's Government in the 21st Century"[109] de Michael Mandelbaum - soutient que les États-Unis ont la responsabilité morale d'utiliser leur puissance pour promouvoir la démocratie et protéger les droits de l'homme dans le monde.

"The Responsibility to Protect: Ending Mass Atrocity Crimes Once and For All"[110] par Gareth Evans - défend le principe de la "responsabilité de protéger" (R2P), qui définit l'obligation de la communauté internationale d'intervenir en cas d'atrocités de masse.

"The New Interventionism, 1991-1994 : United Nations Experience in Cambodia, Former Yugoslavia, and Somalia"[111] par James Mayall - fournit une analyse historique du recours à l'intervention militaire par l'ONU au cours des années 1990 et soutient que cette intervention peut être efficace pour promouvoir la paix et la stabilité.

---

[109] https://amzn.to/412bAP3
[110] https://amzn.to/3IchUuz
[111] https://amzn.to/3YI0QUi

Livres contre l'intervention militaire :

"The Limits of Power : The End of American Exceptionalism"[112] par Andrew J. Bacevich - critique l'approche américaine de la politique étrangère et soutient que l'intervention militaire entraîne souvent des conséquences involontaires et sape la stabilité mondiale.

"War is a Racket : The Antiwar Classic by America's Most Decorated Soldier"[113] par Smedley D. Butler - offre une critique cinglante de l'intervention militaire américaine et soutient qu'elle est souvent motivée par des intérêts économiques plutôt que par de nobles idéaux.

Livres pour et contre l'intervention militaire :

"A Problem from Hell : America and the Age of Genocide"[114] par Samantha Power - présente une histoire complète du génocide au 20ème siècle et examine le rôle des Etats-Unis dans l'intervention pour prévenir de telles atrocités.

"The Guns of August"[115] de Barbara W. Tuchman - une histoire classique des événements qui ont conduit à la Première Guerre mondiale, qui met en lumière les complexités et les dangers de l'intervention militaire.

---

[112] https://amzn.to/4191XOA
[113] https://amzn.to/3YGf2gl
[114] https://amzn.to/3k3iaEh
[115] https://amzn.to/3xSdF2J

"La grande guerre pour la civilisation: L'Occident à la conquête du Moyen-Orient (1979-2005)"[116] de Robert Fisk - fournit une analyse détaillée des conflits et des interventions au Moyen-Orient, offrant à la fois des critiques et un soutien à l'utilisation de la force militaire.

Films ou documentaires en faveur de l'intervention militaire :

"The Fog of War"[117] (documentaire) - propose une interview approfondie de l'ancien secrétaire américain à la Défense Robert McNamara, qui évoque son rôle dans la guerre du Vietnam et les leçons qu'il a tirées de l'utilisation de la force militaire.

"Hotel Rwanda"[118] (film) - raconte l'histoire d'un gérant d'hôtel qui a aidé à abriter des réfugiés pendant le génocide rwandais et soulève des questions sur le rôle de la communauté internationale dans la prévention des atrocités de masse.

"Restrepo"[119] (documentaire) - suit un peloton de l'armée américaine déployé dans un avant-poste éloigné en Afghanistan et offre un compte rendu de première main des défis et des complexités de l'intervention militaire.

---

[116] https://amzn.to/3YJvAEg
[117] https://amzn.to/3KgtdVh
[118] https://amzn.to/3Kkqjiq
[119] https://amzn.to/3ZlqcMF

Films ou documentaires contre l'intervention militaire :

"Dirty Wars"[120] (documentaire) - enquête sur les opérations militaires secrètes du gouvernement américain au Moyen-Orient et soulève des questions sur les conséquences d'une telle intervention.

"The War You Don't See"[121] (documentaire) - explore le rôle des médias dans la promotion ou la contestation des interventions militaires et met en lumière les dangers de la propagande et de la censure.

"Good Kill"[122] (film) - dépeint le bilan psychologique d'un pilote de drone américain alors qu'il procède à des assassinats ciblés au Moyen-Orient et soulève des questions sur l'éthique de la guerre à distance.

Films ou documentaires pour et contre l'intervention militaire :

"The Act of Killing"[123] (documentaire) - explore les massacres de masse qui ont eu lieu en Indonésie au milieu des années 1960 et soulève des questions sur le rôle de l'intervention militaire dans la promotion ou la suppression de la violence.

---

[120] https://amzn.to/3Kgtjw7
[121] https://amzn.to/3YIVd8o
[122] https://amzn.to/3IcnEV5
[123] https://amzn.to/3Z0Ni5Z

"Restless Conscience"[124] (documentaire) - examine le rôle de l'armée allemande pendant la Seconde Guerre mondiale et soulève des questions sur les responsabilités des soldats et les dangers d'une obéissance aveugle à l'autorité.

---

[124] https://amzn.to/3lMrZH8

Conclusion

La société est confrontée à de nombreuses questions complexes et nuancées qui nécessitent un examen attentif et une discussion réfléchie. Les sujets abordés dans ce volume, des droits des animaux au recours à la force militaire et à l'intervention dans les affaires étrangères, mettent en lumière les divers défis auxquels nous sommes confrontés en tant que société.

Alors que nous nous penchons sur ces questions, n'oublions pas la valeur de l'empathie, de la compassion et de la compréhension. Ce n'est qu'en reconnaissant notre humanité partagée et en cherchant un terrain d'entente que nous pouvons espérer trouver des solutions efficaces à ces problèmes complexes. Quel que soit le sujet abordé, il est important d'aborder ces questions avec un esprit ouvert, une volonté d'apprendre et un engagement envers le dialogue.

En fin de compte, en engageant des conversations significatives et en cherchant activement à comprendre les points de vue des autres, nous pouvons œuvrer pour une société plus juste, équitable et harmonieuse.

Nous apprécions vos réactions et votre soutien, et nous vous encourageons à laisser un commentaire ou une critique en ligne pour poursuivre cette importante conversation. Merci pour votre temps et pour votre engagement à construire un monde meilleur.